독립출판
프로젝트

여행의 모양

여행의 모양

1판 1쇄 발행 2019년 4월 15일

지은이 곽진숙 소나무 민 채송화

펴낸이 원하나
디자인 정미영
일러스트 정기쁨
출력 · 인쇄 금강인쇄(주)

펴낸 곳 하나의책
출판등록 2013년 7월 31일 제251-2013-67호
주소 서울시 관악구 남부순환로 1855 통일빌딩 308-1호
전화 070-7801-0317 팩스 02-6499-3873
홈페이지 www.theonebook.co.kr

ISBN 979-11-87600-09-1　13980

이 도서의 국립중앙도서관 출판예정도서목록(CIP)은 서지정보유통지원시스템
홈페이지(http://seoji.nl.go.kr)와 국가자료종합목록시스템(http://www.nl.go.kr/kolisnet)
에서 이용하실 수 있습니다. (CIP제어번호 : CIP2019012063)

독립출판
프로젝트

여행의 모양

곽진숙
소나무
민
채송화

하나의책

여행의 모양

누군가는 이런 여행을,

그리고,

누군가는 저런 여행을.

이토록 다양한 여행의 모양을 소개합니다.

차례
———

소나무

소소한 전주

민

잃어버린 기억을 찾아서

채송화

완벽한 하노이

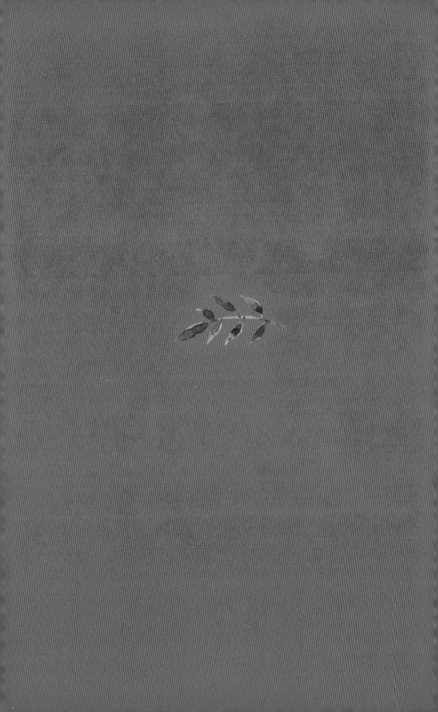

곽진숙

윤동주와 이중섭을
만나다

처음, 시작

"난 여행하다 죽고 싶어."

"왜?"

"좋아하니까."

한 달 후에 죽는다면 무엇을 할 거냐는 친구의 말에 쉽게 대답이 나왔다. 언제부턴가 내 삶의 마지막이 여행이기를 바랐다. 발길 가는 대로 거닐다 어느 순간 걸음이 멈추는 곳, 그 장소가 내 숨결이 잠든 곳이기를 말이다.

좋아하는 것을 하다 죽는다는 것. 그것은 슬프면서도 참 아름다운 일이다. 윤동주와 이중섭이 그랬듯. 처음엔 이들의 죽음이 그저 안타깝기만 했다. 하지만 이내 다른 생각이 꿈틀대기 시작했다.

'자기가 하고 싶은 걸 하다 죽으면 행복하지 않을까.'

두 예술가는 죽는 순간까지 가슴에 뜨거운 열정을 품고 살았다. 윤동주는 일제강점기에 우리말로 시를 쓰면 위험하다는 것을 알면서도 창작을 멈추지 않았다. 이중섭은 가족과 헤어져 지독한 고독과 가난에 고통스러워하면서도 붓을 놓지 않았다.

내가 윤동주와 이중섭에 깊이 빠져든 건 아무런 감흥 없이 하루하루를 살던 20대 후반이었다. 그때 난 아무 생각 없이 출근과 퇴근을 반복하고 있었다. 욕심도 목표도 없었고, 그렇다고 현재에 만족을 느끼지도 않았다. 청춘의 상징 20대에 아무런 관심도 열정도 재미도 느끼지 못하고 건조하게 살던 내게 두 사람은 그저 부러움의 대상이었다.

'저렇게 살다 죽으면 얼마나 좋을까. 난 왜 미친 듯이 하고 싶은 게 없을까.'

막연하게 느낀 부러움은 두 예술가에 대한 관심으로 번졌고, 그 관심은 날 여행하게 만들었다. 그저 두 예술가가 좋아서 그들의 흔적이 있는 곳을 찾아다니게 된 것이다. 화려할 것도 특별할 것도 없는 곳이지만 그 길을 가는 동안 난 자유로웠고 행복했다. 일상적인 공간을 벗어나 낯선 장소를 걸을 때마다 내가 살아 있음이 느껴졌다. 발걸음에 날리는 흙먼지에서, 바람에 흔들리는 풀에서 생기가 돌았다. 그렇게 두 예술가는 내게 작은 불씨를 던져 주었고, 그 불씨는 서서히 타올라 이렇게 글을 쓰게 만들었다.

윤동주는 누구나 좋아해

우리나라 사람이라면 윤동주를 좋아하지 않을 수 없다고 생각한다. 그의 시 한 편 모르기도 쉽지 않다. 중·고등학교 때 교과서에서 그의 시 한두 편 정도는 배웠을 테니까. 나 또한 윤동주를 좋아한다. 시집은 물론 그의 삶을 다룬 책을 읽으며 그가 살아 있음을 느낀다. 윤동주의 죽음이 생체실험 때문이라는 사실에 분노하고, 영화 〈동주〉를 보며 하염없이 눈물을 흘렸다.

그렇게 특별하지 않게 윤동주를 좋아하던 중 내 가슴에 불을 지른 일이 생겼다. 2017년 윤동주 탄생 100주년 전시. 윤동주 생가 사진을 보는 순간 피가 거꾸로 솟구쳐 올랐다. 중국은 윤동주 생가를 복원하면서 대문에 괴상한 조형물을 만들고, 마당에 대리석을 까는 등 한국식 생가가 아닌 중국식으로 뜯어 고쳐 버렸다. 입구에는 '중국 조선족 애국 시인 윤동주 생가'라는 문구를 새겨 넣었다. 어떻게 이런 일이 있을 수 있을까. 윤동주에 대한 기록이 거짓으로 덮이고 있는 지금, 진실을 마주하고 싶었다. 당장 그의 자취를 따라가고 싶었다.

　마음 같아선 중국 지린성의 명동촌 생가에 가고 싶었지만 자유여행으로 가기는 쉽지 않았다. 대신 윤동주가 마지막으로 거닐었던 도시샤 대학을 걷고자 바로 오사카행 티켓을 끊었다. 고민할 이유도 그럴 필요도 없었다.

교토,
윤동주의 시비는 흔들림이 없었다

교토 여행의 목적은 단 하나. 도시샤 대학에 가서 윤동주의 시비를 보는 것이었다. 남들은 교토 여행 중 시간이 되면 도시샤 대학에 들른다지만 난 오직 윤동주를 만나고 싶어 교토에 갔다. 교토에 머문 사흘 중 마지막 여정이 도시샤 대학이었다. 교토에 도착해 가장 먼저 도시샤 대학을 찾고 나면 이후의 여행이 즐겁지 않을 것 같아서였다. 여행은 공항에 도착하기까지가 가장 기분 좋고 설렌다고 한다. 그런 마음으로 나도 도시샤 대학을 가기까지의 설렘을 마음껏 느끼고 싶었는지도 모른다.

도시샤 대학을 가기 위해 교토역에서 버스를 탔다. 한 번 환승을 해야 해서 정신을 바짝 차리고 정류장 안내 전광판만 뚫어져라 쳐다보았다. 손에는 나흘 동안 들고 다니느라 너덜너덜해진 교토 버스 노선도를 꼭 쥐고. 어디에 가든 처음은 긴장된다. 긴장하지 않으면 그게 어디 여행일까 싶지만 버스 하나 타면서도 이렇게 온 신경을 쏟는 내가 우습기도 했다. 대체 이놈의 긴장감은 여행을 얼마나 해야 사라질지. 다행스럽게도 어렵지 않게 도시샤 대학에 도착했다.

"스미마센, 윤동주 상……."

"아! 윤동주 상!"

경비 아저씨는 아주 반가워하며 코팅된 약도를 내밀며 열심히 설명해 준다. 물론 난 일어를 알아들을 수 없다. 눈치껏 약도와 아저씨의 손짓을 익혀 교정으로 들어섰다. 학교는 학기 중인데도 조용했다. 뭔가 시끌벅적하고 활기 넘치는 학교를 예상했는데 의외로 조용하고 평온했다.

윤동주 시비는 쉽게 찾을 수 있었다. 길치인데 단박에 찾은 내가 스스로도 놀라웠다. 시비는 입구에서부터 5분도 채 걸리지 않는 화단 안쪽에 있었다. 크지도 높지도 않았다. 나무에 가려 잘 보이지 않아 주의해서 살피지 않으면 그냥 지나치기 쉬웠다.

'이걸 보기 위해 내가 여기까지 왔구나.'

뭐라고 설명하기 어려운 벅찬 마음에 심장 박동이 점점 빨라졌다. 시비에는 한글과 일본어로 '서시'가 적혀 있었다. 한글은 윤동주의 자필원고 그대로라니 감격이 배가 되었다. 시비 앞에 놓인 액자가 눈에 들어왔다. 청년 윤동주가 그려진 작은 액자.

앙다문 입이 윤동주와 꽤 어울렸다. '불멸의 청년 윤동주와 함께'라는 글귀처럼 그가 정말 불멸했으면 하는 바람을 가져 본다. 천천히 '서시'를 읽어 보았다. 이미 알고 있는 시인데도 그의 자필로 쓰인 서시는 달랐다. 작은 책상에 앉아 조용한 움직임으로 시를 써 내려가는 윤동주의 뒷모습이 보이는 듯하다.

윤동주는 특별하다. 그의 시는 마음을 쓰리게 하지만 상처를 내지는 않는다. 슬프지만 눈물이 흐르게 하지도 않는다. 그저 회색빛의 먹먹함과 조금의 억울함, 그러면서도 아름다운 정서를 갖게 한다. 일제강점기의 시인이 윤동주 한 명만 있는 것이 아닌데 왜 그는 이토록 남다를까? 그의 시는 독립에 대한 의지나 갈

망, 일제에 대한 저항이 직접적으로 드러나지 않는다. 그저 감정을 툭 건드리는 작은 울림이 있을 뿐이다. 그 울림이 작을지라도 넓게 퍼져 나간다. 그리고 쉽게 사라지지 않는다. 이것이 내가 윤동주를 잊을 수 없는 이유다.

윤동주 시비 옆에는 정지용 시인의 시비가 나란히 있다. 윤동주가 존경하고, 윤동주를 많이 아낀 정지용 시인. 두 시인이 나란히 있는 것을 보니 자랑스럽기도 하고, 부럽기도 하다. 훌륭한 우리나라 시인이 일본 대학을 다녔고, 이곳에 이들의 시비가 있다는 게 부럽다. 사람에게는 누구나 자기 자리가 있다고 하는데 두 시인의 자리는 이곳인 건가. 씁쓸한 마음도 든다.

난 지금껏 강사 일을 해 왔다. 나름 만족하며 어려움 없이 하고 있다. 그러면서도 이 일을 벗어나려 했던 때가 있다. 20대 후반이었다. 책상을 뒤적이다 몇 년 전 쓰던 공책 하나를 발견했다. 표지가 뜯어진, 기억에 없는 공책이었다. 한 장 한 장 넘겨 보니 펜으로 흘려 쓴 글자가 빼곡했다. 시나리오를 적은 것들이었다. 인물에 배경에 시놉시스까지 나름 갖췄다. 내용은 민망할지라도 어느 정도 구색은 있었다.

'내가 이랬었구나.'

괜한 웃음이 피식 나왔다. 그때의 추억이 좋아서인지, 그때의 내가 그리워서인지 모를 웃음. 한 자 한 자 읽을수록 리모컨만 붙잡고 있는 지금의 내가 한심했다. 불과 3년 전에는 직접 드라마를 쓰겠다고 했었구나.

그날 밤새 기분이 이상했다. 그리고 마음은 더 이상했다. 그땐 내 마음을 나도 몰랐다. 하고 싶은 게 무언지, 어떻게 해야 하는지 알지 못했다. 어쩌면 알면서도 외면했는지 모른다. 먹고살아야 한다는 현실을 외면하기가 어려웠다. 꿈은 당장 이룰 수 있는 게 아니니 천천히 하자고 그렇게 스스로를 위로했었다. 지금 생각하면 슬픈 위안이었다. 20대에 뭐가 두려워 그렇게 현실에 얽매였는지. 그렇다고 일에 있어 크게 성공한 것도 아닌데 말이다. 내가 있을 자리는 어디일까 생각해 봤지만 답을 찾지 못한 채 벤치에 앉았다.

도시샤 대학에 고마운 마음이 들기도 했다. 여행을 다녀온 후 만난 친구에게 이 말을 했더니 펄쩍 뛰었다. 일본 때문에 윤동주가 이렇게 된 건데 어떻게 고마울 수 있냐고. 친구의 말에 뭐라 대꾸할 말이 없었다. 하지만 난 두 시비를 마주한 순간만큼은 고마움이 앞섰다. 대학 한편에 시비를 놓아 윤동주, 정지용을 기억할 수 있게 해 준 것이 고마웠다. 어디에서도 윤동주의 흔적을 찾을 수 없다면 그게 더 슬프지 않을까.

벤치에 앉아 난 무슨 생각을 했을까. 아무것도, 아무 생각도 나지 않았다. 멋있게 운동주의 시 한 편을 음미하고 싶었는데 아무것도 머릿속에 떠오르지 않았다. 그저 옆 벤치에서 도시락을 먹고 있는 남학생을 보았고, 살살 부는 바람에 날리는 머리카락을 쓸어 넘겼을 뿐이다. 그리고 화단의 나무가 바람에 흔들리고, 윤동주와 정지용의 시비가 흔들림이 없었을 뿐이다.

서울,
윤동주와 함께 걷다

교토를 다녀온 후 윤동주에 대한 갈증은 더해졌다. 그에 대한 관심에 마침표를 찍게 해 줄 거라 생각한 교토 여행이 또 다른 구멍을 만들어 낸 것이다. 누군가의 손이 타지 않은, 윤동주의 낡은 손때가 묻은 곳에 가고 싶어졌다.

서촌이 주목받기 시작할 때 우연히 윤동주 하숙집 터를 본 기억이 있다. 무심코 지나친 게 이제와 미안해지면서 다시 찾으면 어떨지 궁금했다. 경복궁역을 나와 서촌으로 걷다 보면 다양한 가게가 시선을 끈다. 그리고 그 가운데 그의 하숙집 터가 작고 낮은 곳에 있다. 하지만 하숙집도 윤동주의 흔적도 전혀 볼 수 없다. 그저 이곳이 윤동주가 정병욱과 함께 살던 하숙집 터였다는 안내판이 있을 뿐. 안내판 글씨도 작아 가까이 가야만 읽을 수 있다. 윤동주가 살던 집이 이런 작은 안내판 하나로 기억된다는 게 서러웠다. 윤동주가 이런 대우를 받을 사람은 아닌데.

그러다 눈에 들어온 것이 있었다. 건물 주차장에 펼쳐진 태극기 한 장. 바람에 날아갈까 싶어 네 귀퉁이에 돌까지 올려져 있었다. 깨끗한 것을 보니 차를 뺄 때마다 태극기를 치웠다가 다시고이 그 자리에 펼쳐 놓는 것 같았다. 윤동주를 아끼고, 지키고 싶어 하는 건물 사람들의 마음이 느껴졌다. 안내판만 보고 화를 낸 게 부끄러웠다. 이게 뭐라고. 태극기 한 장에 마음이 돌아서는지. 나도 참 단순한 사람이다.

부끄러운 마음을 씻어 내고자 윤동주가 걷던 산책 길을 따라가 보았다. 윤동주의 발자국이 닿았던 곳에 내 걸음이 닿는다. 한 걸음 한 걸음 걸을 때마다 날리는 먼지에 윤동주의 숨이 담겨 있는 것 같다. 손에 넣고 싶지만 잡을 수 없는, 하지만 나와 함께해 준다는 믿음에 위로를 받는다. 10분 남짓 걸어 도착한 인왕산 수성동 계곡은 수풀이 우거져 인적이 드물었다. 나무들 사이로 돌다리가 하나 보인다. 정선의 〈수성동〉의 그 다리인 듯싶다. 아마도 윤동주는 저 돌다리를 건넜겠지. 계곡에 빠질까 봐 두 팔 벌려 뒤뚱뒤뚱 건너지 않았을까. 정병욱과 장난하다 몇 번 떨어졌을지도 몰라. 그러면 그냥 계곡물에 들어가 시원하게 세수하고, 물놀이했겠지. 실제로 윤동주와 정병욱은 매일 아침 산책하며 수성동 계곡물에 세수를 했다고 한다.

계곡 길을 따라 윤동주 문학관을 향했다. 비 오는 날 윤동주 문학관을 찾은 건 처음이다. 윤동주의 일생을 영상으로 보여 주는 제3전시실에 들어가 앉았다. 윽! 나도 모르게 숨을 멈췄다. 비 오는 날의 습한 냄새가 한순간 나를 확 휘감았다. 고개를 돌릴 때마다 전혀 다른 냄새가 나고, 그 냄새는 더 진하게 들어왔다. 코로 숨쉬기가 어려워 입으로 숨을 쉬는 순간 윤동주가 생을 마감한 감옥이 이렇지 않았을까 싶었다. 감옥의 차가운 벽면에서 나오는 무거운 공기가 숨통을 서서히 조이는 느낌. 무서움을 넘어 공포감이 들어 이날만은 영상에 집중할 수가 없었다.

무거운 마음을 안고 문학관 뒤 윤동주 시인의 언덕에 올랐다. 쑥 향이 가득하다. 전시실에서 나를 짓눌렀던 어두운 냄새가 쑥 향에 깨끗하게 씻겨 나갔다. '윤동주 시인의 언덕'이라는 이름이 예쁘다. 왠지 이곳에 오르면 누구라도 시를 쓸 것 같은, 감성이 촉촉해지는 이름이다. 메말라 가는 내 감성도 촉촉하게 적실 겸 천천히 걸어 본다. 윤동주도 걸었던 이 길에서 윤동주가 보았던 성곽을 만져 보고, 윤동주가 앉았을 어딘가에 잠시 멈추어 선다.

붉은 노을빛이 주위를 감싼다. 노을빛은 끝일까 시작일까. 해가 지는 것을 마무리라 하고 싶지 않다. 그것이 마무리라면 너무 슬프지 않나. 저렇게 아름답고, 긴 여운을 남기는데 어떻게 마무리라 할 수 있을까. 꼭 다시 올 테니 날 잊지 말고 가슴에 담아 달라는 간절함을 붉게 토해 내고 있는 것이 아닐까. 내가 보는 이 노을 앞에서 윤동주는 어떤 생각을 했을지 그를 만나 묻고 싶어진다.

광양,
하늘과 바람과 별과 시 그리고…

"이번 역은 진상, 진상역입니다."

기차역 이름이 나오자 여기저기 웃음소리가 들렸다. 진상역이라니 한 번 들으면 잊히지 않는 재밌는 이름이긴 하다. 진상역에 내려 버스를 타면 윤동주 유고 보존 가옥에 갈 수 있다. 윤동주가 직접 지냈던 곳은 아니지만 시인 윤동주를 탄생시킨 역사적인 장소인 만큼 무조건 찾을 수밖에 없는 곳이다.

기차역을 나와 걷다 보니 멀리 표지판 하나가 멀뚱히 세워져 있다. 정류장 이름도 적혀 있지 않은 이 표지판이 버스 정류장이다. 이름 없는 버스 정류장. 무어라 설명하기 힘든 정겨움에 절로 미소가 지어졌다. 주변에는 아무것도 없는데 마음이 채워지는 건 무엇 때문일까. 버스에 오르니 어르신 세 분이 앉아 계셨다. 시골길을 구불구불 달리는 버스 안, 바람에 잠이 솔솔 오려는데 어디선가 노랫소리가 들린다.

"그냥 크게 부르세요."

기사님의 말씀에 노랫소리가 더 커진다. 조용했던 버스 안은 할아버지의 구성진 소리로 가득 찼고, 난 라이브 음악을 들으며 세상 어디에도 없을 드라이브를 하게 되었다. 할아버지는 자신의 노래에 아주 만족하셨는지 행복한 얼굴로 내리셨다. 행복은 이런 건가 보다. 그저 내가 하고 싶은 걸 할 수 있는 마음의 여유를 지니는 것. 윤동주 시집을 만나러 가는 이 순간 나도 행복하다는 걸 비로소 느끼게 된다.

이제 버스 승객은 나뿐이다. 망덕이란 정류장명이 들렸고, 난 재빨리 벨을 눌렀다. 그래도 혹시나 하는 마음에 내리기 전 여기가 망덕이 맞느냐며 기사님께 물었다.

"여기까지 왜 왔어요?"

"윤동주 시집 보존 가옥 가려고요."

"여기서 한참 걸어야 돼요. 다시 타요."

얼떨결에 다시 버스에 탔고, 버스는 강변을 따라 꽤 달렸다. 기사님 말대로 땡볕에 그 길을 걸었다면 지쳐서 윤동주고 뭐고 눈에 들어오지도 않았을 거다.

"여기예요. 내려서 구경하고 맞은편에서 손 흔들어요. 세워 줄 테니까."

버스는 정확히 정병욱 가옥 앞에 섰고, 택시를 자처한 기사님 덕분에 단 한 걸음도 걷지 않고 윤동주 유고 보존 가옥에 도착할 수 있었다. 설명할 수 없는 여러 감정이 섞여 그저 한마디의 감탄으로밖에 나오지 않았다. 정병욱 가옥으로도 알려진 윤동주 유고 보존 가옥은 섬진강을 마주하고 도로 한복판에 있다. 일자로 곧게 뻗은 이 가옥에 윤동주의 시집이 몰래 감추어져 있었다.

1941년 윤동주는 일본 유학을 가기 전 자신의 시집을 3부 필사하여 그중 하나를 후배 정병욱에게 맡겼다. 그리고 정병욱은 학병으로 끌려가기 전 광양 어머니께 시집을 잘 보관해 달라고 신신당부했다. 만약 자신과 윤동주가 죽더라도 끝까지 가지고 있다가 독립 후 윤동주의 가족에게 돌려주라고. 정병욱의 어머니는 마룻바닥을 뜯어 그 아래 항아리를 놓아 시집을 보관했고, 이것이 유일하게 남은 윤동주의 친필 유고 시집이다.

윤동주의 시집이 보관되어 있던 마룻바닥을 가까이 보기 위해 문을 열려는 순간, 자물쇠가 눈앞에 떡하니 보였다. 순간 심장이 덜컹 내려앉았다.

'아닐 거야. 옆문은 열리겠지.'

식은땀을 삐질삐질 흘리면서 문에 힘을 주었다. 소용없었다. 주말에만 해설사와 함께 관람할 수 있다는 작은 안내문이 그제

야 보였다. 눈물이 핑 돌았다.

'5시간이나 걸려서 왔는데 이게 뭐야.'

순간 억울하고, 홈페이지 하나 없는 게 원망스러웠다. 근대문화유산이라기엔 어울리지 않는 관리에 신경질이 났다. 아쉬움에 고개를 이리저리 꺾어 보니 유리 너머로 친필 시집의 일부가 보였다. 누런 원고지에 적힌 윤동주의 선명한 필체. 필체 하나에 심장이 또 두근거린다.

색이 바랜 원고지에는 일본인의 눈을 피해 가슴 졸였을 정병욱 어머니의 용기와 노고가 녹아 있었다. 내 자식의 것도 아닌 것을 7년간 숨죽이고 보관해 왔을 어머니. 어머니의 가슴 떨림이 원고지에 고스란히 스며 있었다. 어머니의 마음을 아는지 윤동주의 글씨는 원고지를 단단히 붙잡고 있었다. 그리고 이것을 볼 수 있는 지금이 그저 감격스러웠다.

섬진강 변의 벤치에 앉아 가옥을 바라보았다. 산과 강이 가옥을 마주하고, 하얀 갈매기들이 주변에 조용히 앉아 있다. 참 다행이다. 어둠 속에 잠들어 있던 시집에 끊임없이 생명을 불어넣었을 섬진강. 잔잔하지만 멈추지 않는 물결이 바람을 타고 와 시집을 숨 쉬게 했을 테고, 숨 막히는 적막을 깨고 갈매기들이 신선한 생명의 소리를 들려주었을 테니까.

   윤동주를 따라 여행하기 전까지 난 꿈이 없는 사람인 줄 알았다. 그런데 아니었다. 윤동주를 보고 느끼는 동안 내 마음에 숨겨져 있던 꿈이 보이기 시작했다. 작가. 너무 멀다고 생각해 잊고 있었던 꿈. 여행하는 동안 계속 마음에 떠오른 말. 쓰고 싶다. 단 한 글자라도 생각나고 느껴지는 모든 걸 쓰고 싶었다. 이동하는 기차에서, 버스에서, 글을 끄적이는 동안은 마음이 편안했다. 이제야 나조차 놓고 있었던 꿈에 다가갈 용기를 작게나마 얻었다.

이중섭의 외로움, 가난 그리고 사랑

한국인이 가장 좋아하는 시인이 윤동주라면 한국인이 가장 좋아하는 화가는 이중섭이 아닐까. 황소, 복숭아, 아이. 그의 그림은 다소 반복적이고, 단조롭게도 보인다. 어느 것은 아이가 그린 것처럼 천진난만하다. 난 그림을 이해할 만큼 예술지식이 뛰어나지 않아 이중섭의 작품을 제대로 이해하지 못한다. 그럼에도 내가 이중섭에게 마음을 빼앗긴 건 지독한 외로움, 가난과 싸운 그의 삶 때문이다.

이중섭의 그림에는 가족에 대한 사랑과 그리움이 가득하다. 그것을 보고 있노라면 가슴이 먹먹하다. 이중섭은 홀로 생을 마감했다. 마지막 순간 그의 곁에는 아무도 없었다. 차디찬 병실에서 홀로 죽음을 맞은 이중섭. 사흘이 지나서야 조카가 병원을 방문해 그의 죽음을 알았을 만큼 그는 철저히 고독했다. 그리고 그

고독의 가장 큰 이유는 그림이었을 것이다. 이중섭의 꺼지지 않은 창작열을 따라 마음 가는 대로 그렇게 떠나 본다.

제주,
이중섭 미술관에 이중섭이 없다

2017년 봄, 네 번째 제주 여행을 떠났다. 네 번째 여행은 조금 특별했다. 봄에 가는 제주는 처음인 데다 드디어 이중섭 미술관을 가기 때문이다. '이중섭' 하면 제주가 가장 먼저 떠오르는 게 사실이다. 이중섭 거주지와 문화거리, 미술관까지 제주를 간 사람이라면 한 번쯤은 가 보았을 것이다. 하지만 난 세 번이나 제주를 다녀왔음에도 한 번도 가지 않았다. 버스 타고 다니는 뚜벅이라 교통이 불편해 못 갔다는 핑계 아닌 핑계도 있지만 사실은 간 김에 들르는 것이 내키지 않았다. 나에게 이중섭은 제주보다 큰 존재다. 제주에 이중섭 미술관이 있는 게 아니라 이중섭 안에 제주가 있는 거다. 그만큼 이중섭을 보기 위해 제대로 된 제주 여행을 하고 싶었다. 천천히 보고 느끼고 생각하고 싶은 욕심에 그제서야 가게 되었다.

이중섭 문화거리에 도착하니 도로부터 시선을 사로잡았다.

'이중섭 문화거리'라는 글자에 설렌다. 글자 하나하나가 작품으로 보여 예술적 감성에 서서히 물들며 걸었다. 정갈한 초가집 하나가 보인다. 그 유명한 이중섭 거주지다. 알고 있었지만 너무나도 작은 방에 한 번 놀라고, 이중섭 가족에게 방을 내주었던 할머니가 당시에도 제주에 거주한다고 해 두 번 놀랐다.

이중섭 가족은 1951년 1월부터 12월까지 제주에서 피란 생활을 했다. 사실 이중섭은 전쟁 전까지 경제적 어려움이 없었다. 일제강점기인 1936년에도 일본 도쿄에서 유학을 하며 전시회를 열고 화가로서 입지를 다졌다. 하지만 일제의 억압으로 1943년 귀국할 수밖에 없었다. 귀국 후에는 평양, 개성, 경성 등에서 전시를 하며 우리나라에서도 화가로서 인정을 받는다. 안타깝게도 6□25전쟁은 이중섭의 삶을 지독하게 바꾸어 놓았다. 전쟁을 피해 부산을 거쳐 제주까지 피란을 가게 된 것이다. 인정받던 예술가도 전쟁 속에서는 아무 소용이 없었다. 어디 이중섭뿐이었을까. 그 누구라도 전쟁에서는 그저 목숨을 부지하기 위해 처절해질 수밖에 없을 것이다. 이중섭 또한 남편으로서 아버지로서 마땅히 그리했을 뿐이다.

현실은 어느 순간 크게 다가온다. 벌써 10년도 더 지난 일이다. 20대 중반, 난 드라마 작가를 꿈꿨다. 삶을 나만의 시각으로 보

여 주고 싶었다. 혼자 이런저런 이야기를 쓰다 제대로 배우려고 작가협회에서 운영하는 교육원에 지원했다. 지원자가 많은지 면접을 거쳐야 했다. 살면서 그렇게 떨어 본 적이 없다. 미친 듯이 쿵쾅거리는 심장을 어쩌지 못하고 면접을 본 기억에 지금도 긴장감이 돈다. 당연히 엉망진창으로 면접을 보았고, 떨어졌다 확신했다. 차라리 하고 싶은 말이라도 다 쏟아 냈더라면. 마음에 있는 말을 다 하지 못한 게 그렇게 억울할 수 없었다.

그런데 어찌 된 일인지 합격 통지가 왔고, 나도 모르게 눈물이 핑 돌았다. 이제 꿈을 향해 한 계단 올라가는구나 싶어 의욕이 넘쳤다. 하지만 그 기쁨과 설렘은 1년 만에 끝났다. 일하면서 드라마를 구상하고, 대본을 쓰고, 평가를 받고, 수정하고 완성한다는 게 쉽지 않았다. 그렇다고 그것에만 시간을 투자할 수도 없었다. 배우려면 돈이 있어야 했고, 돈을 벌다 보니 꿈과 거리가 멀어져 갔다. 결국 난 조금씩 지쳐 갔고, 뒤처지기 시작했다. 결국 꿈보다 현실을 택했다. 눈앞에 당장 보이는 게 현실이니 어쩔 수 없었다. 이제 와 생각하면 핑계 같지만 그때는 나름 치열하게 고민했다. 그럼에도 원하는 것을 할 수 없다니 스스로에게 짜증도 났었다. 그렇게 꿈과 멀어져 현실에 안주하여 살았고, 지금의 내가 되었다. 이중섭이 처한 전쟁이란 현실에 비할 것은 아니지만 나름 쓴맛을 본 기억이 떠올랐다.

이중섭 가족이 살았던 방은 1.4평으로 아주 작다. 혼자 누워 몸을 모로 돌리면 벽이 코앞에 닿을 정도다. 혼자 살기에도 버거운 이 방에서 이중섭은 가족들과 마음껏 사랑을 나누고 작품 활동을 했다. 어쩌면 이곳에서의 시간이 인간 이중섭에게는 가장 행복하지 않았을까.

방 안쪽에는 이중섭 사진이 있다. 무표정의 흑백 사진. 작은 전구 하나가 이중섭의 얼굴을 외로이 비추고 있다. 이중섭은 어떤 마음을 안고 이 사진을 찍었을까. 벽면에 붙은 '소의 말'이란 글로 시선을 옮겨 보았다. 투박한 듯 정성스런 글씨를 마음으로 읽어 내려갔다.

'삶은 외롭고 서글프고 그리운 것 아름답도다.'

이중섭의 표정 없는 얼굴의 답을 찾은 것 같다. 이중섭은 이 말을 가슴에 묻고 있었나 보다. 외롭고, 서글프고, 그립지만 이것이 삶이고, 아름답다는 그의 말. 고개가 끄덕여지면서도 어딘가 가슴 시린 이 말이 그의 공허한 눈빛과 썩 어울린다. 차마 입 밖으로 꺼내지 못해 가슴 깊숙이 내려앉아 있는 그 마음을 글로 조용히 토해 냈을 그를 상상해 본다.

산책로를 따라 걸으면서 이중섭 미술관에 도착했다. 이중섭

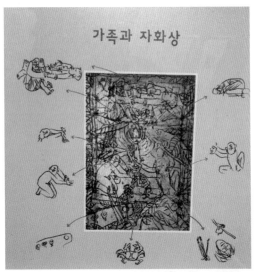

전시를 몇 번 보았지만 이곳에는 뭔가 특별한 것이 있겠지 싶어
오기 전부터 기대를 많이 했었다. 하지만 이중섭의 대표작들이
화려하게 전시되어 있을 거라는 기대와 달리 일본으로 떠난 가
족에게 보낸 편지가 대부분이었다. 그의 작품이 보고 싶었던 난
적잖이 실망했다. 전시된 작품도 적어 이중섭 미술관이라는 이
름과 어울리지 않았다. 물론 기대를 너무 많이 한 내 잘못도 있
다. 이중섭 미술관에 그의 작품이 가장 많을 거라고 단순하게만
생각했다.

　미술관을 나와 공방을 들러 이중섭의 작품이 그려진 엽서와
텀블러를 샀다. 엽서와 텀블러에 그려진 작품은 너무나 말끔했
다. 그 작품에는 이중섭의 외로움도 그리움도 서글픔도 담겨 있
지 않았다. 그저 즐겁고 행복했다. 비록 아쉬움이 있긴 했지만
이중섭을 만나고 돌아오는 내 마음이 그랬나 보다. 이중섭에게
만나서 좋았다는 따뜻한 미소 하나를 보이고 싶었나 보다.

부산,
'친구 이중섭'을 만나다

제주에서의 아쉬움이 엷어지던 8월, 부산에서 이중섭 아트갤러리 사업이 진행 중이라는 기사를 보았다. 이중섭이 피란 시절 살았던 집을 갤러리로 꾸며 개장한다고 한다. 제주 미술관에 아쉬움을 갖고 있던 중 반가운 소식이었다. 개관 전 그가 지냈던 범일동을 조용히 보고자 더운 여름 부산을 찾았다.

이중섭은 부산에 두 번 머물렀다. 1950년 12월, 북에서 처음 피란 온 곳이 부산이었지만 한 달이 되지 않아 피란민이 적은 제주로 떠났다. 그 후 1951년 12월 다시 부산으로 와 범일동 친구 집에서 방 한 칸을 얻어 생활한다.

범일동은 부산역에서 버스로 10분이면 도착한다. 나처럼 뚜벅이 여행자도 부담 없이 갈 수 있는 최적의 여행지이다. 이중섭 거리에 들어서면 돌 담벼락에 걸린 이중섭이 가장 먼저 보인다. 담배 하나를 입에 물고 두 눈을 지그시 감고 있는 얼굴. 어서 오라며, 반갑다는 듯 살짝 미소를 머금고 있다. 이중섭의 얼굴로 시작된 거리는 시인 김춘수와 구상이 기억하는 이중섭으로 이어진다. 김춘수는 일본으로 떠난 아내를 애타게 기다리는 이중섭을 안타까워하며 '내가 만난 이중섭'을 썼고, 구상은 친구가 아프지 않기를 바라며 복숭아를 내밀고 쑥스러워하는 이중섭의 따뜻한 마음을 전한다. 이중섭도 그저 평범한 친구였던 거다. 두 시인의 글을 읽으며 부산에서는 친구 이중섭에게 한 걸음 다가가 보기로 했다.

길을 따라가면 벽면에 이중섭의 생애가 친절히 적혀 있다. 별거 아닌 이것에 작은 감동이 온다. 이중섭을 모르는 사람은 없다지만 그의 삶을 제대로 아는 사람이 몇이나 될까. 제주의 이중섭 문화거리를 다녀온 사람은 무수히 많겠지만 그중 이중섭의 삶을 이야기할 수 있는 사람은 많지 않을 것이다. 부산에 와서야 제주에서 왜 아쉬움을 가졌는지 깨달았다. 그저 이중섭이 좋고, 궁금해서 찾아갔을 뿐 그의 삶에 대한 이해가 부족했던 거다. 그가 아내에게 편지를 쓸 때 어떤 상황이었는지, 가족과의 행복했던 순간을 그릴 때 어떤 마음이었는지 알지 못했다. 아는 만큼 보인다는 말이 괜히 있는 게 아니다.

그런 점에서 부산 이중섭 거리는 참 똑똑한 곳이다. 그저 골목

을 걷기만 해도 이중섭 생애를 알고, 작품을 감상할 수 있다. 인위적으로 만들어 낸 공간이 아닌 주민이 살고 있는 마을을 활용해 마을 전체를 미술관으로 만든 곳이다. 돈 내고 왔으니 꼭 봐야 한다는 압박감도 없다. 그저 걷다가 잠시 걸음을 멈춰 보면 자연스럽게 이중섭에 스며들 수 있다. 기꺼이 자기 집 담벼락을 이중섭 그림 액자로 내어 준 주민들의 마음까지 더해져 발걸음이 가벼워졌다.

작품을 보며 걷다 보니 희망 100계단이 보인다. 100계단! 순간 멈칫했지만 타일로 완성된 이중섭 얼굴에 걸음을 뗄 수밖에 없었다. 계단은 이중섭의 모습과 작품, 아내에게 쓴 편지로 꾸며져 있다. 작은 공간도 놓치지 않고 아기자기하게 꾸민 게 '이중섭 난간 갤러리'란 표지판과 잘 어울린다. 난간 갤러리. 마음에 드는 이름이다. 시선이 잘 가지 않는 좁은 난간에까지 작품을 넣어 이중섭의 예술혼을 전한 섬세함이 그저 놀라울 따름이다. 이중섭과 같은 자세로 계단에 앉아 잠시 그의 삶을 생각해 본다.

제주에서 부산으로 돌아온 지 반년 만에 아내와 두 아들은 일본으로 떠난다. 이중섭은 가족을 책임지기에는 부족했고, 그들이라도 건강하기를 바랄 수밖에 없었다. 전쟁 중이라 한국 국적의 이중섭은 일본으로 가기가 쉽지 않았다. 혼자가 된 이중섭은 작업에 더 열중한다. 그것만이 가족을 다시 볼 수 있는 유일한 방법이었다. 가족이 보고 싶어 그렸고, 가족과 함께하기 위해 그렸고, 지독한 외로움을 이겨 내기 위해 그렸다. 외로움마저도 예술로 승화시킨 이중섭. 어쩌면 예술가에게 외로움이란 꼭 필요한 감정이 아닐까. 밑바닥까지 떨어지는 처절함을 작품에 녹여 많은 이들의 공감을 사는 것. 어쩌면 이것이 예술일지도.

외롭고 쓸쓸할 때 나는 글을 쓴다. 글이라기엔 너무 거창하고, 메모라 하는 게 맞을 것 같다. 헛헛하고 공허할 때 나도 모르게 공책을 찾는다. 누구에게도 말하고 싶지 않은, 뭐라고 표현할지 모르는 감정을 하나씩 적는다. 그것이 스스로를 위로하는 방법이었다. 이중섭도 그러지 않았을까. 내가 이중섭의 처절함을 이해한다는 건 우스운 말이고, 아주 조금은 공감하면서 걸음을 옮긴다.

이중섭 전망대에 앉아 그가 아내에게 보낸 편지를 읽어 보았다. 그의 그림 〈부부〉가 떠오른다. 수탉과 암탉이 서로 부리를 맞대고 있는 그림. 서로를 놓치지 않기 위해 몸을 꺾고 날개를 푸드덕거리며 입을 맞추고 있는 것은 아내와 헤어지고 싶지 않았던 자신의 간절함을 담은 것이 아닐까. 이 작품을 그린 1953년은 이중섭이 가족을 일본으로 보낸 다음 해였다. 미치도록 그리워

붓을 들었을 이중섭이 눈에 아른거린다. 오직 그림만 뚫어져라 쳐다보며 빠르고 거칠게 붓질을 더하고 더했겠지. 그림을 그리는 동안에는 외로움도 쓸쓸함도 잠시 떠났을 거다.

자신의 외로움마저 작품에 녹인 이중섭이 그저 대단하고 부러울 뿐이다. 난 지치고 지치면 모든 걸 놓는다. 그저 시간이 해결해 주길 바라는 것처럼. 그러면서 어쩔 수 없다는 핑계를 찾고, 할 수 있는 만큼 했다며 스스로를 위로했다. 부딪칠 용기도, 깨질 용기도 없었음을 알면서도 인정하고 싶지 않은 것이다. 그게 뭐라고. 지금 생각하니 겁쟁이였을 뿐이다. 내게 솔직하지 못했고, 남에게 드러낼 용기도 없었다. 그저 숨고 숨기며 시간에 모든 걸 맡겼던 것이다.

자네는 자네만 아름답게 살았고

좋은 그림을 남기고 가면 그만이라는 그 배짱은 도대체 어디서 생겨난 것인가?

너만이 착하고 아름답고 너만이 좋은 그림을 그린 것이 우리들에게 무슨 소용이 있단 말이냐?

너같이 너만이 깨끗하고 아름답게 살려는 놈은 죽어 마땅해.

이중섭을 화장하며 남긴 박고석의 글 일부가 내려오는 길에서야 눈에 들어온다. 홀로 죽은 친구의 죽음에 분노와 안타까움과 슬픔이 뒤섞인 목소리. 그림에 미친 나머지 자기 몸 하나 돌보지 않은 이중섭을 원망하는 소리가 들린다. 그저 화가로 그를 좋아했던 게 미안하다. 그림에 미쳐 자신을 혹사하는지도 모른 채 종일 그림만 그려 댔던 이중섭. 한 걸음 떨어져 보았을 땐 좋은 화가지만 옆에서 본 그는 그렇지 않았나 보다. 친구에게 이중섭은 어떤 감정으로 남아 있을까. 친구는 이곳을 걸으며 어떤 기억을 떠올릴까. 이중섭 거리를 나오며 '친구 이중섭'을 생각해 본다.

통영,
이중섭의 눈으로 보다

이중섭의 삶에 통영이 중요한 곳이라 알려진 지는 오래되지 않았다. 2000년대 초반까지도 6개월 정도 살았던 것으로 알려졌으나 연구 결과 1952년 봄부터 1954년 봄까지 2년간 생활하며 수많은 작품을 쏟아 냈다는 것이 밝혀졌다. 화가 이중섭의 르네상스는 통영 시절이었던 거다. 통영은 이중섭이 가장 안정적으로 작품 활동을 한 곳이다. '황소' 시리즈는 물론 〈부부〉, 〈가족〉, 〈달과 까마귀〉 등 많은 작품을 이곳에서 완성한다. 이중섭이 사랑한 통영의 모습은 어떨지 그의 그림을 따라 여행을 시작했다.

가장 먼저 충렬사를 찾았다. 충렬사 하면 나는 백석 시인이 가장 먼저 떠오른다. 충렬사 앞에는 백석 시비가 있기 때문이다. 짝사랑하는 여인이 보고 싶어 충렬사 계단에 앉아 하염없이 기다렸다는 백석 시인. 아마도 시비가 있는 이 자리에서도 며칠이고 기다리고 기다렸겠지. 백석 시인이 앉았던 계단으로 올라 충렬

사에 들어갔다. 자연과 어우러진 충렬사는 감탄할 수밖에 없는 곳이다. 곧게 뻗은 대나무는 사각사각 바람에 대답한다.

충렬사를 나와 맞은편 정자에서 잠시 쉬어 간다. 혹시 이쯤에서 〈충렬사 풍경〉을 그리지 않았을까? 돌담과 계단 그리고 충렬사. 그림과 흡사한 풍경이다. 조금 다른 것 같지만 그게 뭐 그리 중요할까. 충렬사가 이중섭의 마음을 물들였기에 작품으로 남긴 것을.

따가운 햇살을 뚫고 세병관으로 향했다. 작품 〈세병관 풍경〉을 보았을 때 이게 뭔가 싶었다. 집 한 채와 나무 한 그루, 절구 하나. 세병관이 어떻기에 이 작품이 탄생했는지 아무런 감도 잡지 못한 채 무작정 가 보았다. 세병관은 모든 게 놀라웠다. 엄청난 크기에 압도당한 나는 세병관을 한 바퀴 둘러보았다. 그러고 나서 드디어 이중섭 작품을 이해했다. 이중섭은 세병관을 가까운 시선에서 극히 일부만 그린 것이다. 세병관 일부와 나무 한 그루. 다시 보니 나무가 실제 세병관의 크기를 짐작게 한다.

이중섭은 세병관의 위엄을 그대로 담고 싶었나 보다. 하지만 한 폭의 그림으로 그리기에 종이는 너무나 작았을 터. 그렇기에 일부만을 그려 세병관의 거대한 위엄을 조금이나마 담은 것이다. 그림으로만 보았다면 세병관은 금세 잊혔을 거다. 하지만 직접 본 세병관은 절대 잊지 못할 것이다. 그림 속 풍경을 따라가는 여행. 통영이 점점 즐거워진다.

남망산도 찾았다. 가장 궁금했던 곳이기도 했다. 작품 〈남망산 오르는 길이 보이는 풍경〉은 시원한 바다를 그린 그림으로 통영을 대표하는 풍경이기 때문이다. 더운 날씨라 좀 지치기도 했지만 바다 풍경을 놓칠 순 없기에 터벅터벅 올라갔다. 언덕길을 헉헉대며 걷다 너무 힘들어 잠시 멈춰 깊게 숨을 내쉬며 주변을 둘러보았다. 어! 여기! 어디서 본 듯한 풍경이다. 〈남망산 오르는 길이 보이는 풍경〉이 여기인가. 나무 사이로 보이는 바다와 집. 그리고 건너편 길. 눈앞의 풍경이 그림과 다를 게 없었다. 세상에나 이 얻어걸린 행운을 어찌할까. 사실 그림만 보고는 남망산에 올라야 작품에 그려진 풍경을 만날 줄 알았다. 역시 우리말은 해석을 잘해야 한다. '남망산에 오르면 보이는 풍경'이 아니었던 거다.

그런데 이중섭은 왜 정상에서 그리지 않았을까. 정상에서 보는 풍경이 더 좋을 텐데. 욕심이 생겨 계속 올라갔다. 드디어 남망산 조각공원 도착! 그런데 이게 뭐지. 높이 오르면 더 좋은 전망을 볼 수 있으리라는 생각이 틀릴 수도 있다는 것을 처음 알았다. 역시나 그가 '오르는 길의 풍경'을 그린 것에는 다 그만한 이유가 있었다.

　예술가는 사랑하는 것을 작품으로 그린다고 한다. 이중섭은 통영을 사랑했고, 많은 작품을 남겼다. 탁 트인 전망에 바다와 산이 한눈에 보이는 곳. 눈이 밝고 마음이 꽉 차는 이곳에서 어찌 예술적 감성이 자라지 않을 수 있었을까. 잠깐 여행하는 동안 내게도 설명하기 어려운 감성이 순간순간 치밀어 올랐다. 그것이 참 고맙다. 이중섭을 따라온 이곳에서 무언가를 얻어 가게 됐으니 화가 이중섭, 예술가 이중섭을 더 좋아할 수밖에. 이중섭, 정말 고맙습니다.

꿈에는 정해진 기한이 없다

언제부턴가 난 나와 타협을 하기 시작했다. 일이 바쁘니 일을 먼저 해야 한다고. 회사 일은 정해진 기한이 있지만 꿈은 정해진 기한이 없다. 그렇기에 하루 이틀, 꿈은 뒤로 물러나 있었다. 그러다가도 어느 순간 이게 뭔가 싶어 삶이 무의미하게 느껴졌다. 그리고 그것이 반복됐다. 하지만 그대로였다. 하고 싶은 게 있으면서도 하지 못하는 건 내 능력이 부족해서일 거다. 작가가 되기엔 실력이 부족했고, 실력을 키우기엔 끈기가 부족했고, 끈기를 기르기엔 핑계가 많았다. 지나고 나서 돌아보니 모든 건 핑계일 뿐이었다. 바쁘다는 것도, 먹고살려면 어쩔 수 없었다는 것도. 누군가는 일하면서도 밤새워 노력해 꿈을 이룬다. 난 이런 사람들을 TV에나 나오는 특별한 경우로 치부하며 외면해 왔다. 어쩌면 부러워서 그랬는지 모른다.

 이 책의 공동 저자로 참여할 기회가 주어졌을 때가 떠오른다. 막연하게 갖고 있던 꿈. 죽기 전에 저자 '곽진숙'이 적힌 책 한 권 갖는 게 꿈이었다. 1초의 고민도 없이 참여를 결정했고, 이렇게 글을 쓰고 있다. 내가 꿈꾸던 순간이 가까워지고 있는 지금, 기쁘기보다 짠한 기분이다. 허전한 것도 같고, 설레는 것도 같고.

 이제 나에게 약속하고 싶다. 거짓말하지 말자. 책 한 권 내는 것이 막연한 꿈이라는 건 거짓말이었다. 그렇게 못할 것 같아 그저 하나면 된다고 소심하게 이야기했던 것뿐이었다. 이제는 계속 글을 쓰고 싶다. 팔자 좋고 헛된 꿈일지라도 글만 쓰고 싶다. 현실의 벽도 타인의 시선도 글에 녹이고 싶다. 그리고 무엇보다 나를 넘고 싶다. 못할 것 같다는 생각은 못했다는 결과를 얻기까지 하지 말자. 지금껏 시작은 있었지만 끝은 없었다. 그 끝을 제대로 만들어 봐야겠다. 끝은 내가 만들 수 있는 거니까. 꿈에는 정해진 기한이 없으니까.

소나무

소소한 전주

전주 여행에 앞서

　나는 전주에서 태어났다. 서울에서 잠깐 생활했던 때를 빼고는 마흔이 될 때까지 크게 이곳을 벗어난 적이 없다. 생활이 무료하면 때때로 여행을 했다.

　나의 첫 여행지는 일본이었다. 학창 시절 일본 애니메이션을 너무 좋아해서 그곳에 대한 동경 때문에 도쿄를 목적지로 정했다. 그때 나와 잘 맞는다고 생각했던 친구의 새로운 면을 봤다. 여행은 혼자 하거나 아주 잘 맞는 동행자와 해야 즐겁다는 것도 처음 알게 되었다. 그 후 여기저기 여행을 다니면서 나의 여행 취향 또한 정해졌다.

하와이를 다녀온 후에는 주위의 풍경이 온통 푸른 바다로 보였다. 첫눈에 반한 연인을 그리워하는 마음이 이럴까 싶을 정도였다. 바티칸에 들어선 순간에는 눈에 들어온 조각들을 보고 황홀감에 젖었다. 조각이 아름답다는 생각을 한 번도 하지 못한 나였는데 말이다. 어느새 내 여행의 목적은 낯선 경험을 하는 것이 되었다. 여행을 하면서 상황에 따라 선택을 하고 결정하면서 또 다른 내 모습을 발견했다. 그런데 모든 여행의 끝에는 언제나 전주가 있다. 내가 나고 자랐지만 때로는 여행지 같은 곳이 전주다. 그래서 여행하는 기분으로 전주 곳곳을 다시 다니며 이 글을 썼다.

여행의 모양은 저마다 다르다. 여행에서 소중한 사람들과 추억을 쌓기도 하고, 나를 찾기도 하며, 새로운 풍경을 찾기도 한다. 어느 소설 속 주인공은 자신이 그린 이미지를 마음껏 상상하고 떠날 준비를 하면서 설레는 마음을 간직한 채 여행을 마치기도 한다.

보통은 여행을 앞두고 모처럼의 휴가를 알차게 보내고 싶은 마음에, 빼곡한 일정과 동선을 짠다. 그런데 전주 여행의 경우 단골 코스인 전주 한옥마을을 중심으로 걸어서 30분 내에 야시장, 청년몰, 꽃동산, 치명자산을 만날 수 있다. 5월에 열리는 영화제도 한옥마을과 가까운 곳에서 즐길 수 있다. 그렇기 때문에 전주를 여행할 때는 가볍게 산책한다는 기분으로 다니기를 추천한다. 소소하지만 정취 있는 전주의 모습은 오랫동안 당신의 가슴에 남을 것이다.

전주의 분위기가 물씬, 한옥마을

전주역에 도착해 버스를 타고 15분 정도 이동하면 작은 산들 사이에 나지막이 자리 잡은 한옥마을에 다다른다. 그곳에서 유독 봉긋 솟아 있는 청동색 푸른 지붕을 발견할 수 있다. 한국 성당 중 가장 아름답다는 전동성당이다.

성당을 따라 골목길을 들어서면 천주교 전주교구에서 운영하는 성심여자중학교와 성심여자고등학교가 보인다. 성당 정문에서 보면 두 팔을 벌려 마주한 성모상 뒤로 아담한 정원과 오래된 학교 건물이 있다. 성심여중은 나의 모교다. 그때 수녀님들에게 수업을 받았던 기억이 난다. 그중 가장 기억에 남는 분은 1학년 때 만난 수녀님이다. 학생들의 이야기를 잘 들어 주는 자상한 분이셨다. 어느 날 수녀님이 안경을 벗고 몰라보게 달라진 모습으

로 교실에 들어오시는 게 아닌가! 처음에는 수녀님이 변신한 영문을 몰랐지만, 결혼식을 올렸다는 이야기를 후에 들었다. 그제야 수녀님의 '안경 탈출'이 납득이 되었다. 그분의 후임으로는 키가 180센티미터를 거뜬히 넘는 건장하고 엄격한 수녀님이 새로 오셨다. 학교 앞에는 칼국수로 유명한 베테랑과 오래전 없어진 신당동 떡볶이 가게가 있었다. 수업을 받다 출출할 때면 몰래 빠져나가 먹곤 했는데.

한옥마을을 걷다 보면 색색의 한복을 입고 가는 친구, 연인, 가족을 쉽게 만날 수 있다. 여성의 한복을 입고 곱게 분칠한 건장한 남성 여행객의 색다른 모습도 간혹 볼 수 있다. 어르신들은 그 모습이 신기하고 재미있는지 어린아이처럼 졸졸 따라다니며 남자인지, 여자인지 굳이 확인을 하신다.

한옥마을을 걷다 경기전으로 들어가면 음이온을 발산하는 대나무 길에서 지친 다리를 잠시 쉬어 갈 수 있다. 이곳은 태조 이성계의 어진이 있는 곳이다. 예전의 경기전은 어르신이 삼삼오오 모여 장기를 두며 무료한 일상을 달래는, 누구에게나 열린 공간이었다. 그런데 여행객이 증가하면서 문화재 관리를 위해 유료로 바뀌었다. 관광지는 비록 작은 것이라도 어떻게 관리하고 보존하느냐에 따라 가치와 의미가 생긴다.

일본 교토는 나에게 작은 감동을 준 여행지다. 나는 교토의 은각사를 가장 좋아한다. 기온이 38도를 넘는 불볕더위에 그곳을 간 적이 있다. 얼굴이 땅에 닿을 정도로 바닥에 엎드려 정원의 이끼를 다듬고 잡초를 뽑는 관리인을 봤다. 꽤 나이가 많아 보이는 그는 더 이상 손을 대지 않아도 완벽해 보이는 정원에서 정성을 기울이고 있었다. 범죄현장에서 증거를 수집하는 형사와 같은 진지한 모습이었다. 감동스러운 순간이었다. 반갑게도 전주 한옥마을은 '슬로우 시티'를 슬로건으로 내세웠다. 하지만 느림의 미학과는 어울리지 않는 프랜차이즈 매장이 곳곳에 있어 아쉽기도 하다.

한옥마을의 북적이는 중심 거리를 지나 '성균관 스캔들'의 촬영지인 향교에 들어서면 400년 세월의 흔적을 느낄 수 있는 아름드리 은행나무를 마주하게 된다. 가을이 되면 은행나무는 특유의 향과 샛노란 색으로 일대를 물들여 버린다.

나는 사실 분주한 낮보다는 밤이 되어 운치 있는 한옥마을을 좋아한다. 높은 빌딩 대도시의 화려한 야경은 아니지만, 내가 가야 할 곳의 방향을 적절히 밝혀 주는 듯한 한옥마을의 밤풍경은 매력적이다. 그 분위기에 살짝 취해 보는 것도 권한다.

한옥마을이 한눈에 보이는 오목대

무더운 여름이 가고 선선해지기 시작한 가을이었다. 계절은 서서히 바뀌는 것이 아니라 어느새 성큼 변해 있었다. 끈적한 날씨 탓에 미뤘던 마스크 팩을 찾아 서랍장을 뒤적이다 겹겹이 쌓여 있는 빨간 벨벳표지의 사진첩을 발견했다. 지금은 휴대폰으로 모든 것을 해결하는 시대이니 사진첩을 일부러 꺼내는 일은 없다. 그렇지만 어느 겨울인지 몰라도 흩날리는 함박눈이 내리는 날의 오목대 사진 한 장이 내 시선을 사로잡았다. 문득 오목대에 가고 싶어졌다. 전동성당의 동쪽에 있는 오목대는 이성계가 남원의 황산에서 왜군을 무찌르고 승전 자축을 했던 곳이다. 한옥마을의 전경을 한눈에 볼 수 있는 곳이기도 하다.

오랜만에 찾은 오목대 정상에는 십 분도 채 되지 않아 도착했다. 정상이 높지 않은 언덕에 있어서 안내 푯말에도 '임산부가 산책하기 좋은 숲길'이라고 적혀 있다. 어느덧 가을이 깊어져 바스락거리는 낙엽들 사이로 몇 그루의 단풍이 마지막으로 붉은 자태를 뽐내고 있었다.

어릴 적 방학숙제인 탐구생활을 기억하는 분이 있을 것이다. 주변의 역사를 조사하는 숙제가 있었는데 나는 탐구생활에 붙일 사진 자료가 필요했다. 더운 여름 엄마와 함께 찾았던 곳이 오목대다. 그때 기억이 어제 일처럼 생생하다. 그때나 지금이나 엄마는 따로 휴일이 없을 정도로 너무나 바쁜 생활을 하는 분이다. 엄마와 무언가를 한다는 것은 일 년에 다섯 손가락 안에 꼽힐 정도로 드문 일이었다. 그래서일까, 그때 입었던 옷, 먹었던 아이스크림의 달콤함과 시원함이 지금 이 순간에도 어제 일처럼 생생하다.

오목대에서 가벼운 산책을 하며 두루 보이는 한옥마을 전경을 찍고 붉은 단풍나무와 어우러진 오목대 누각에 앉았다. 홀로 의미 있는 장소를 방문하고 나면 나의 인생 사진첩에 하나의 추억을 새긴 것 같아 흐뭇하다. 후회하기에도 짧고 머뭇거리기에도 짧은 인생에 많은 이야기를 담고 가야지. 다음 가을에는 평일 오전, 책 한 권과 다시 이곳을 마주할 것이다.

남부시장과 야시장 그리고 청년몰

남부시장의 아침은 치명자산 뒤로 떠오르는 태양과는 상관없이 새벽부터 분주하게 시작된다.

조선시대 3대 시장이던 남부시장은 100년의 역사를 가지고 있다. 전주 3·1운동의 발생지이기도 하다. 70~80년대에는 사람에 치여 걸어 다닐 수조차 없을 정도로 자정까지 사람들로 북적였다. 지금은 덜하지만 여전히 새벽부터 분주한 아침을 맞는 곳이다. 시장 한쪽에는 3·1운동 발생지라는 기념비만이 홀로 그날을 기억하는 듯하다. 새로운 형태의 시장이 형성되면서 상권이 점차 축소되었는데, 전주 한옥마을이 부상하면서 다시 제2의 문전성시를 이루고 있다.

새벽 장을 보러 온 사람들의 차가 많아 남부시장 곳곳에는 일찌감치 교통체증으로 난리다. 이른 새벽은 도매 식자재를 사러 온 상인과 저렴한 채소와 과일을 사러 온 사람들이 꾸준히 모이는 시간대다. 이때는 없는 것 없이 새롭고 신선한 것들로 반짝 장이 열린다. 위가 좋지 않아 양배추를 갈아 마시려고 천변 장터에 들렀을 때 한 할머니께서 "천 원썩! 천 원썩! 이것도 천 원썩"이라며 나에게 나물을 권하셨다. 할머니의 정겨운 말투에 피식 웃음이 나왔다.

금요일과 토요일에는 야시장이 열린다. 여름에는 저녁 7시부터 밤 12시까지, 겨울에는 저녁 6시부터 밤 11시까지 손님을 맞는다. 명절에는 연장운영을 하기도 하니 시간을 확인하고 방문하자. 일요일에 갔다가 허탈하게 돌아가는 여행객을 보면 내심 안타까운 마음이 든다. 야시장에서는 기존 상인, 청년, 다문화가족, 은퇴한 어르신이 서로 겹치지 않는 품목을 판매한다. 먹거리부터 수공예품을 파는 매장까지 다양하다. 아쉬운 점은 앉아서 쉴 곳이 부족하다는 것이다. 연장자나 어린이를 위한 간이 쉼터라도 있다면 좋겠다.

2층에는 청년몰이 있다. 남부시장 2층은 상인조차 올라갈 일이 없는 곳이었는데 청년몰 때문에 다시 활기를 되찾았다. "청년들이 한다니 한번 가야지." 엄마를 따라 처음 가 본 초창기의 청년몰은 썰렁한 느낌을 지울 수 없을 정도로 자리를 잡지 못한 상태였다. 그때 천연 화장품과 비누를 사고, 카페에서 팥빙수를 먹었다. 그 후 해가 거듭할수록 새로운 가게들이 생겼다 없어지더니 지금의 모습으로 자리 잡았다. 아기자기한 액세서리, 향초, 머그잔 등 다양한 물건을 만날 수 있다.

다양한 영화의 꿈이 모이는 전주국제영화제

봄이 되면 전주는 바빠진다. 4월에는 꽃놀이를 오는 사람들, 5월에는 전주국제영화제를 즐기려는 사람들로 한바탕 시끌벅적해진다. 특히 영화제 시즌에는 혼자서 이곳을 찾는 이들이 많다. 영화제가 시작되면 '영화의 거리'에서 그리 멀지 않은 한옥마을과 청년몰도 영화제 분위기로 단장을 한다. 영화제 영화는 한 편당 6천 원에 관람할 수 있다. 다양한 영화 포스터를 한자리에서 감상할 수 있는 전시회도 열린다. 포스터는 구입도 가능하다.

한때 감독을 꿈꿨던 학창 시절에는 예술영화, 난해한 영화의 숨어 있는 의미를 찾아 분석하려 했다. 나이가 들면서 좋아하는 영화가 다른 것들로 대체되었고, 현실이 영화를 뛰어넘는 시대를 살고 있어서인지, 이제는 겨우 일 년에 두 번 정도 스크린을 찾는다. 오랜만에 영화의 축제에 나도 동참하기로 했다.

JEONJU
INTL. FILM
FESTIVAL
19

2018.5.3~12

첫 번째로 선택한 영화는 〈메리 셸리: 프랑켄슈타인의 탄생〉이었다. 여성의 이름으로는 출판조차 금하던 시절, 게다가 당시에는 생소한 SF장르를 집필한 메리 셸리를 다룬 영화였다. 그녀의 삶은 늘 죽음과 가까웠다. 어머니는 셸리를 낳자마자 며칠 만에 산후 후유증으로 세상을 떠났고, 아버지와 재혼한 새어머니의 딸도 자살을 했다. 셸리가 유부남인 퍼시를 만나 사랑의 도피생활을 하던 중 퍼시 부인은 투신자살을 했다. 그리고 셸리는 첫아이를 잃었다. 그녀가 채 스무 살이 되기 전의 일이다.

영화는 어둡고 습한 분위기를 내내 유지한다. 비록 어머니를 상실했지만 남부러울 것 없이 부유한 가정에서 태어난 그녀의 선택이 안타까울 뿐이다. 프랑켄슈타인은 너무나 비극적이고 슬픈 자신의 삶이 투영된 것이었다. 영화는 집중력 있게 관객을 이끌어 나갔다.

영화가 끝나자마자 서둘러 나가 다음 날 관람할 〈누가 총을 쐈는지 궁금해?〉를 예매했다. 그런데 이 영화는 한마디로 궁금해하면 안 되는 영화였다. 오 분 안에 끝낼 이야기를 한 시간 넘게 이어 간 부분에 대해서는 칭찬을 해 주고 싶지만. 관람 후 앞서 가던 두 청년의 대화가 귀에 들어왔다.

"어때?"

"어, 기법이 특이한 거 같긴 한데……."

그들은 갈 길을 못 정한 듯 유리문 앞에서 멈춰 섰다. 둘의 정적 사이로 내가 끼어들었다.

"지나갈게요."

비가 내려서인지 거리는 한산했다.

〈메리 셸리: 프랑켄슈타인의 탄생〉이 끝났을 때는 엔딩 크레딧이 올라가고 조명이 들어오자 사람들이 박수를 치고 비로소 퇴장을 했다. '역시 영화를 사랑하는 사람들이라서 그런지 관람 자세가 남다르네.' 영화제의 문화라고 감탄했었다. 그런데 사람의 감정은 별반 다르지 않나 보다. 누가 총을 쐈는지 궁금해하지도 않고 자리를 뜨는 것을 보니.

한 게스트하우스의 다락방 방명록에는 미래의 감독을 꿈꾸며 홀로 전주를 찾은 이의 메모가 있었다. 전주국제영화제는 다양한 꿈을 안은 이들이 찾는다. 누군가는 배우로, 감독으로, 미래에는 자신이 바라는 모습이 되어 이곳을 다시 찾기 바란다.

완산칠봉과 꽃동산, 찬란한 자연 속으로

아직은 이른 봄, 뽀얀 연둣빛 잎사귀가 메마른 나뭇가지를 뚫고 나와 산을 물들이기 시작한다. 내가 전주를 사랑하는 이유는 주위를 둘러보면 어느 곳에서나 작은 산들을 마주할 수 있기 때문이다. 그만큼 적당히 쉴 곳도 전주에는 많다.

한옥마을에서 멀지 않은 곳에는 울창한 쉼터가 있다. 남부시장에서 걸어서 20분 정도의 거리에 있는 완산칠봉이다. 완산초등학교를 지나면 세 갈래의 길이 보이는데 오른쪽에는 주거지가 있고, 중간에는 완산공원이 있다. 왼쪽의 경사진 곳이 완산칠봉 정상으로 향하는 길이다. 완산칠봉 추천 코스는 중간의 완산공원을 따라 팔각정 정상을 찍고, 내려오는 길에 꽃동산으로 하산하는 것이다.

어렸을 적, 딱히 놀 것도 없던 그때는 눈이 수북이 쌓이는 겨울이면 동네 아이들이 각자 탈것을 가지고 완산칠봉 입구에 모였다. 완산칠봉은 동네의 무료 눈썰매장이었다. 가장 많이 사용된 것은 마대 자루나 비닐 자루였다. 그 속에 눈을 넣으면 속력을 더 낼 수 있다는 속설(?)에 너도나도 한껏 눈을 모아 담기도 했다. 그중 한 남자아이는 발 크기만큼 회색 플라스틱 파이프를 반으로 잘라 스케이트를 만들어 신고 왔다. 단숨에 동네아이들의 선망의 대상이 되었다. 한 번도 넘어지지 않고 언덕에서 스케이트를 타고 내려오던 그 아이는 멋진 스케이트 선수가 되었을까.

세월이 훌쩍 지나 동네 풍경은 변했지만 완산칠봉은 여전히 울창한 모습을 간직하고 맞아 주는 자연이다. 완산공원 입구에 들어서면 화창한 여름에도 빛 한 점 들어오지 않는 칠흑같이 어두운 삼나무 군락을 만나게 된다. 코끝을 파고드는 녹음의 진한 내음과 달달한 피톤치드 향이 뒤섞여 나도 모르게 발걸음이 그곳으로 자주 향한다. 무더운 여름에는 배드민턴을 하는 사람들이 보인다. 자연이 만들어 준 나무 그늘에서 피톤치드를 마시며 운동을 즐길 수 있는 곳이기 때문이다. 갈증이 나면 목을 축일 수 있는 약수터가 있고, 30분이면 정상에 올라 전주 시내의 전경을 감상할 수 공간이다. 공원 곳곳에 설치되어 있는 운동 기구가 아이들의 놀이 기구가 되어 주니, 가족들과 함께해도 좋은 공

간이다. 계단으로 가 포장된 도로로 걷거나 곧바로 숲 속을 가로
질러 올라가는 등 방법은 다양하다.

이날 완산칠봉에서 만난 고양이 녀석이 어슬렁어슬렁 숲 속
주변을 맴돈다. 끼니는 해결했을까? 길고양이는 수명이 길어야
1년에서 2년이다. 챙겨 온 비상용 고양이 사료를 바닥에 쏟고
멀리 떨어져 몰래 지켜보았다. 그제야 가까이 다가와 맛있게 먹
기 시작한다. 경계심을 풀고 먹어 준 녀석이 고맙다. 이른 아침
이라 그런지 까치들도 숲 속에 포진하여 대화를 하고 있었다. 내
인기척에 이내 나무 위로 도망을 가고 어떤 녀석은 뒷걸음질을
하며 나와의 안전거리를 확보한다.

이곳에는 방공호도 있다. 어릴 적에는 누가 더 깊게 들어갔다
오나 담력시합을 하기도 했는데, 지금은 닫힌 쇠창살 문 앞으로
트럭과 승용차가 주차되어 있다. 한여름 밤, 이곳에서 '으스스 파
티'를 하면 어떨까 하는 생각이 문득 든다.

중턱에 이르면 커다란 비석이 눈에 들어온다. 동학농민기념비
다. 그 시절 농민들은 내가 주인인 세상을 꿈꾸기 위해 얼마나 처
절하게 싸웠을까. "지금의 촛불이 오래전 이곳 남원에도 있었다
고요." 동학농민운동의 의미를 호소하던 강신주 박사의 강연을
남원에서 듣고 난 후라 그런지 관군과 치열한 전투를 벌인 그 시

절이 상상된다.

　팔각정 정상에서 내려오다 보면 '꽃동산' 푯말이 보인다. 좁은 오솔길 끝에서부터 분홍빛 꽃길이 시작된다. 겹벚꽃과 철쭉이 지천인 이곳의 꽃은 여느 벚꽃과는 분위기가 전혀 다른 느낌이다. 이토록 아름다운 꽃동산은 어떻게 만들어진 걸까.

　40년간 황무지에 도토리를 심어 거대한 숲을 이루게 한 사람의 이야기를 그린 『나무를 심은 사람』이라는 소설이 있다. 프레더릭 백은 이 소설을 토대로 만든 시나리오로 5년 반에 걸쳐 수작업으로 애니메이션을 만든다. 결국 고된 작업으로 한쪽 눈을 실명하고 만다. 그 작품 덕에 캐나다에는 나무 심기 운동이 활발해져 자연 생태에 큰 보탬이 되었다.

　전주의 꽃동산도 한 아저씨가 홀로 40년 동안 가꿨다고 한다. 1970년대부터 심어 온 나무가 무려 천오백 그루에 달한다고 하니, '나무를 심은 사람'처럼 필시 많은 손길을 그곳에 심었을 것이다. 봄이면 엄청나게 몰리는 관람객을 감당할 수 없어 그는 2009년에 꽃동산을 전주시에 매각한다. 매각 당시 그는 시에서 관리하면 많은 사람이 이곳을 더욱 잘 즐길 수 있을 것이라고 생각한다고 말했다. 많은 분들이 꽃동산에서 행복을 느꼈으면 좋겠다는 그의 바람처럼 이곳은 이제 전주 여행객이 꼭 들러야 하

는 장소가 되었다. 현재 그는 꽃동산을 찾는 이들에게 봉사로 안
내를 하며 관광객과 함께하고 있다.

완주의 한옥마을, 소양고택

'우리 사랑이랑 한옥마을을 산책하고 싶다.'

강아지와 한옥마을을 산책하고 싶다는 소박한 꿈을 가진 친척 동생과 소양고택을 찾았다. 젊음이 밑천인 때였다. 영하 10도인 추운 겨울날 동생과 나는 완주 소양에 조성된 한옥마을을 보기 위해 먼 거리를 떠났다. 전주 한옥마을에서 점심을 먹고 지루함이 밀려오던 찰나, 소양이라는 목적지만 보고 버스에 올라탔다. 그러나 한참을 못 미치는 곳에서 내려 다음 버스까지 한 시간을 더 기다려야 하는 실수를 범했다. "야! 이러다 얼어 죽겠다. 그냥 걸어가자!" 두꺼운 점퍼를 뚫고 들어오는 살을 에는 추위를 도저히 이겨 낼 수가 없었다. 만약 우리처럼 대중교통으로 갈 계획이라면 하루에 단 두 번만 버스가 운행하니 시간을 잘 계획해야 한다.

사람 하나 보이지 않는 대로 벌판, 붉은 황토밭 사이로 누렁이 한 마리가 거친 입김을 내뿜으며 달려와 추위에 지친 우리에게 인사를 건넸다. '어디서 온 녀석일까. 저 멀리 보이는 집의 누렁이 일까?' 두 발로 서서 맞이해 주는 녀석의 머리를 쓰다듬자 으르렁거린다. 밤송이 같은 엉덩이 사이로 꼬리를 흔들며 온몸으로 희로애락을 표출하는 녀석 덕분에 잠시 추위를 잊을 수 있었다. 그렇게 무작정 걷기 시작한 지 40분째, 겨우 소양고택으로 가는 버스에 올라탔다. 목적지에 다다르자 산속 가운데 나지막이 자리 잡고 있는 고택이 보였다. 모던함과 전통적인 한옥의 만남이 자연과 잘 어우러진 풍경을 보고 있자니 괜히 꾸겨진 노트와 펜을 찾아 꺼내게 된다.

오른쪽으로 고개를 돌리자 벽 전체가 유리인 커다란 창이 보였다. 이 창을 통해 사계절마다 변화하는 자연 병풍을 볼 수 있겠다는 생각을 하니 앞으로 세 번은 더 방문하고 싶었다. 구석구석 인테리어를 감상하고, 사진에 담고 바깥 한옥정원을 둘러보았다. 그대로 떠나기가 아쉬워 걸어서 10분 거리에 있는 오스갤러리에 들러 그곳의 작품을 잠깐 감상했다.

겨울이라 그런지 오후 5시 정도가 되자 이내 해가 저물고 풍경은 어느새 흑백의 모노톤으로 잠옷을 갈아입었다. 굽이굽이 끝

없이 펼쳐진 산등선의 미학적 완벽함에 한동안 시선을 뗄 수 없었다. 시간상으로 늦은 것은 아니지만 이미 돌아가는 막차는 끊긴 지 오래. 한 시간 반을 걸어 버스를 탈 수 있는 곳까지 갔다.

소양을 방문하기 위해 걸었던 시간은 총 3시간. 차가 생긴 지금은 자동차로 금방 다녀올 수 있는 거리지만, 그때의 무모한 도전은 우리에게 추억의 한 페이지가 되었다. 단돈 1,200원을 내고 돌아오는 버스 안, 히터에 몸을 녹이며 나와 동생은 고단한 추위를 잊고 단잠을 청한 시간이었다.

일몰이 아름다운 채석강

저물어 가는 석양을 사진에 담고 싶어 계획한 여행, 그래서 친구와 나는 오후에 늦은 출발을 했다. 스무 살이 되던 해, 바다가 보고 싶어 홀로 버스를 타고 찾은 나의 첫 여행지였던 채석강. 그때와는 다르게 많이 개발되어 있었다. 채석강은 전주 시민들이 자주 가는 부안의 바다다. 수만 권의 책을 켜켜이 쌓은 것처럼 보이는 절벽이 유명하다.

바다에 가자니 어린아이처럼 좋아하던 친구는 양말을 벗고 해변을 총총히 걷는다.

"저쪽으로 내려가 보자!"

사람이 많은 곳은 싫다던 친구가 자꾸 위험한 곳으로 가려고 했다.

"여기가 좋겠어."

우리는 적당한 바위 방석에 자리를 잡았다. 일렁이는 파도를 말없이 바라보던 친구, 무슨 생각을 하는 걸까? 끝없이 펼쳐진 바다를 보고 파도의 운율을 들으며, 친구가 한마디 내뱉는다.

"골든게이트 브리지야."

"골든게이트?"

"이제 30분 안에 석양이 질 거야."

친구의 손끝이 가리키는 방향으로 고개를 돌리자 하늘을 온통 황금빛으로 물들인 태양이 수평선 물결 위로 황금색 다리를 늘어트려 놨다.

운전의 피로를 풀고 목을 축이려는 순간, 밝게 비추던 태양은 이내 하늘을 붉게 물들이더니 빠른 속도로 모습을 감추기 시작했다. 불과 5분도 채 안 되는 시간이었다. 낮 동안 힘써 일한 탓일까? 소중한 사람들과 약속이라도 있는 듯 서둘러 바다너머로 순식간에 사라져 버린 태양. 등 뒤로는 아저씨 두 분이 휴대폰으로 열심히 풍경을 담고 있었다.

석양을 보고 내려오던 길에 바닷바람을 맞으며 지그시 눈을 감고 있는 고양이를 발견했다. 머리를 쓰다듬자 기분이 좋은지 고개를 든 고양이. 눈꺼풀이 작게 오그라들어 있는 녀석이다. 바닥에 쭈그려 앉은 탓에 길게 늘어트려 있는 나의 카디건과 등 사

이로 파고든 녀석은 그 자리에 편하게 앉아 나를 옴짝달싹 못하게 만들었다. 잠시 휴식을 취하더니 나의 난처함을 알았는지 슬그머니 일어나 나를 보내 주었다.

여름이면 바쁜 부모님을 조르고 졸라 바닷가의 물놀이를 즐기던 어린아이가 커서 이제는 석양을 보러 바다를 찾는다. 그리고 삶의 방향은 끝없는 바다처럼 알 수 없다. 2주 뒤 나는 생애 첫 속도위반 통지서를 받았다(80km 제한 구간에서 96km 과속으로).

전주 시민의 필수 등산지, 모악산

한파가 무척 매서운 겨울이었다. 삼한사온은 실종되고 기온은 연일 영하 15도를 기록해 마스크 없이 숨을 쉬는 것이 고통스럽게 느껴질 정도였다. 이런 한파 속에 우리 가족은 식사모임을 했고, 엄마는 독감으로 모처럼 뜻하지 않은 휴식에 들어가셨다. 다른 가족들 역시 순번을 정해 가며 감기약 처방을 받으러 다녀야 했다.

불과 몇 년 사이 우리는 선명한 하늘을 잃어버렸다. 한참 뛰놀 아이들은 미세먼지에 놀이터를 빼앗겨 실내에 갇히고, 사람들은 마스크 없이 밖을 나가는 것을 두려워한다. 이제는 회색빛 하늘이 일상이 되어 가는 것 같다. 아이러니하게도 한반도에 최강한파가 찾아오자 청명한 하늘을 만날 수 있으니 추위가 반갑다. '이 시간을 놓칠 수 없지.' 급히 짐을 챙겨 집을 나섰다.

　전주 한옥마을에서 970번 버스에 타고 평화로운 시골 풍경과 전원주택 단지를 지나면 모악산에 도착한다. 모악산은 전주 시민에게 단골 등반 코스다. 한동안 채동욱 전 검찰총장이 그림을 그렸다고 전해지는 곳이기도 하다. 모악산 근처에 거주하는 예술가와 시인도 많다. 버스에서 내리자 도립미술관 뒤로 모악산 정상이 보인다. 모악산 정상에는 방송 송출탑이 있으니 쉽게 방향을 짐작할 수 있다.

　이날 나는 1시간 30분 코스인 대원사 - 수왕사 - 무제봉 - 정상으로 등반하기로 정했다. 모악산은 왕복 4시간이 걸리는 높지 않은 산이지만 경사가 가파르고 수없는 계단을 올라야 하는, 결코 쉽지 않은 산이다. 오래전 라디오에서 모악산을 등반한 한 남자의 사연을 들은 적이 있다. 너무 힘이 들어 포기하려던 찰나, 나무 밑에 있는 개똥을 보고 '개도 여기까지 와서 똥을 누고 갈 힘이 있는데 사람인 내가 포기할 수 없지'라는 생각이 들어 등반에 성공했다는 이야기였다. 그만큼, 특히 초행자에게는 쉬운 산이 아니다.

　나도 본격적으로 등산을 시작했다. 굉장히 타이트한 타이츠 차림에 한 손엔 달랑 생수병을 쥐고 올라가는 아저씨, 등산전문가의 장비를 장착한 포스 넘치는 아주머니, 이제 막 연애를 시작한 듯한 아가씨가 앵클부츠와 스커트 차림으로 남자친구와 함께 내 옆을 스쳐 지나갔다. 등반을 시작한 지 15분 정도 지나서야 첫 번째 코스인 대원사에 도착했다. 여기까지는 슬슬 몸을 푸는 단계다. 이제부터가 진짜 산행이다. 대원사에서 정면으로 보이는 계단이 아니라 종이 있는 왼쪽으로 돌면 돌계단을 나오고 본격적인 산행이 시작된다. 평생 오를 계단을 이곳에서 다 오르는 듯했다. 학창 시절에도 계단만은 피해 다녔는데 뜻하지 않은 곳에서 '긍정적 강화 훈련'을 했다. '한 발 한 발 내딛다 보면 언젠가는 도달하겠지!' 순간 누군가 버린 귤껍질이 눈에 들어왔다. 그 맛을 상상하니 시원한 과일들이 생각난다.

어느덧 수왕사에 도착했다. 힘든 고비는 다 넘기고 산의 70퍼센트에 도달한 것이다. 수왕사 입구의 정자 뒤에는 정상으로 향하는 계단이 있다. 계단 끝 유일한 간이 휴게소에서 등산객이 막걸리 4잔을 주문하는 것이 보였다. 갈증이 나서인지 유독 먹는 것이 눈에 들어왔다. 추운 겨울, 밥알이 모래알 같던 입맛이 다시 돌아온 것 같다.

힘든 계단을 오른 등산객을 위한 배려인지 짧은 평지 길이 나타나 잠시나마 피로를 달래 준다. 곧 눈앞에 보일 정상을 향해 걸음걸이가 빨라지는데, 파도가 몰려오듯

소나무 | 소소한 전주

수많은 산이 저 너머에서부터 내게 몰려온다. 먹으로 그려 낸 산수화가 눈앞에 펼쳐졌다. 자연이 주는 웅장함과 무한함은 인간이 절대 흉내 낼 수 없는 영역임이 분명하다. 오랜 시간과 수고를 들여 더 높은 정상에 오르려는 사람들의 성취감을 알 것 같다. 산 정상이 주는 매력에 빠진 순간이었다.

한참 전에 눈이 내렸지만 산봉우리는 여전히 언 채였다. 오를 때는 몰랐지만 산을 내려올 때는 미끄러지지 않도록 주의를 기울여야 했다. 앞서가던 아저씨 두 분이 그런 내가 불안했던지 발을 옆으로 내디디며 내려오라고 말씀하며 걱정 어린 시선으로 기다려 주셨다. 이처럼 우리는 예기치 못한 때와 장소에서 타인의 배려를 마주할 때가 있다. 돌아오는 좁은 골목길에서도 배려의 순간을 만났다. 하교 중인 꼬마들이 '우리 때문에 못 가나 봐'라고 속삭이며 작은 두 손을 흔들었다. "먼저 가셔도 되어요."

집 근처 마트에 들러 딸기 한 상자를 사서 집으로 갔다. 소파에 앉아 음악을 틀었다. 소향의 '바람의 노래'가 흘러나왔다. '그래. 세상의 모든 것들을 사랑해야지.' 시원하게 딸기 한입을 베어 물었다.

전주의 맛

조류독감이 한반도를 덮쳐 달걀을 쉽게 사 먹기가 겁날 때, 하필 나는 베이커리에 심취해 수업을 들으러 가곤 했다. 그때 선생님이 한 말씀이 기억난다. "요즘에는 대왕카스텔라가 유행인데, 프랜차이즈는 전주에서 좀처럼 성공하기 어려워요. 전주 사람들 입맛이 까다로워서 그들을 사로잡기 힘들어요." 내 경우에도 두 번 이상 찾아가는 곳이 손에 꼽을 정도이니, 그 말에 어느 정도 수긍이 갔다. 전주의 맛을 느낄 수 있는 음식 혹은 식당을 소개한다.

콩나물국밥

전주에서 콩나물국밥으로 제일 유명한 곳은 남부시장의 현대옥과 객사의 삼백집이다.

현대옥은 쇠망치로 마늘을 내려 찧는 '쿵, 쿵' 소리가 요란한 곳이다. 꼬마 손님은 "아, 시끄러워. 귀 아파"라며 볼멘소리를 한다. 국밥이 나오기 전 그 자리에서 마늘을 찧어 바로 넣어 주니 국물이 개운하다. 남부시장의(소위 '남부시장식') 콩나물국밥 집에서는 국밥과 수란이 따로 나온다. 나는 보통 수란에 국물 몇 숟가락과 손으로 잘게 찢은 김 반 봉지를 넣어 휙휙 저어 마신다. 남은 김은 국밥에 넣어 먹는다.

객사의 삼백집은 국물에 계란이 들어가 있어 맛이 순하다. 나는 남부시장식의 맑은 국물에만 익숙했었다. 그래서 처음 삼백집 국밥을 먹을 때는 심심했다. 하지만 먹고 나면 그 담백한 맛이 추운 겨울날 더욱 생각난다.

미가옥도 전주에서 유명한 콩나물국밥 집이다. 본점은 신시가지에 있고, 한옥마을에서 가까운 중화산동 지점은 예수병원을 지나 화심순두부 건물 뒤편에 있다. 한옥마을에서 택시를 타면 10분 내에 도착한다. 맛과 분위기는 현대옥과 비슷하다. 미가옥에서는 국밥이 나오기 전 참기름으로 양념된 오징어 젓갈과 밥을 김에 싸서 먹는 것이 특징이다.

GAMA(가마)

가마는 화덕피자 전문점으로 '수요미식회'에도 소개된 곳이다. 피자마다 각각 다른 소스가 나오는 것이 특징. 도우가 얇고 기름기가 없어 담백하다. 가마는 저녁 8시 30분에 마감을 하는데, 재료가 떨어지면 좀 더 빨리 문을 닫는다. 금요일부터 주말에는 손님이 많아 웨이팅을 해야 한다.

오른 케이크

영화제 때문에 주차할 곳을 찾지 못해 헤매다 우연히 발견한 곳이다. 2D 애니메이션에서 등장할 것만 같은 쇼케이스의 케이크는 보기에도 먹음직스럽다. 커피와 디저트 모두 훌륭하다. 컵도 손수 수집한 것들로 이색적이다.

토방

전주는 아무리 먼 곳을 간다고 해도 택시비가 만 원을 넘지 않는다. 보통 8,000원 안팎이면 이동할 수 있으니 한옥마을을 벗어나 서부 신시가지, 전북대, 중화산동, 중인리 등 숨은 맛집을 탐방해

보는 것도 추천한다. 일본 드라마 '고독한 미식가'를 촬영한 토방
은 평화동에 있다. 저렴한 가격으로 맛있는 백반을 맛볼 수 있는
곳이다. 밥에 고추장을 넣고 비벼 먹기 좋도록 심심하게 간이 된
나물이 특징이다.

로제마틴

평화동에 있는 디저트 카페다. 최고급 재료로 음료를 만들며
전주의 유명한 동네 빵집 데이브 제과점의 빵을 판매한다. 일명
'데이브 빵'은 전주에서 이미 입소문이 난 빵이다. 로제마틴에는
수입 도자기나 찻잔 세트가 가득해 아기자기하게 구경할 맛이
난다. 맛과 분위기 모든 면에서 최고점을 주고 싶은 곳이다.

가맥 전일슈퍼

한옥마을에서 걸어서 15분 거리에 있는 전일슈퍼는 가맥집이다. '가맥'은 '가게 맥주'의 준말. 술집은 아니고 슈퍼마켓 분위기의 가게를 전주에서는 가맥이라고 한다. 저렴하고 맛있는 안주를 만날 수 있는 가맥집이 전주에는 많다. 특히 전일슈퍼의 황태 안주 그리고 찍어 먹는 특제 소스는 유명하다. 간단히 한잔하고 싶을 때 가는 곳이다. 이곳에서 술은 손님이 직접 냉장고에서 꺼내 마신다.

오모가리탕

한옥마을 근처에서 즐길 수 있는 오모가리탕 맛집들이 있다. 처음 오모가리탕을 접했을 때 나는 무척 실망을 했다. 반찬도 소박하고, 특히 국이 주메뉴가 되는 것을 싫어하는 터라 모험(?)을 하는 기분이었다. 하지만 이내 선입견은 사라졌고, 한 그릇을 뚝딱 해치울 정도로 밥다운 밥을 먹었다. 잘 지은 윤기 있는 밥과 진한 국물에, 후식으로 나오는 솥 모양의 누룽지를 먹으면 시작부터 마무리까지 완벽한 한 상차림을 받은 기분이다. 여름이면 전주천을 벗 삼아 평상에서 밥다운 식사를 할 수 있어 더욱 좋다. 완산구 전주천동로 쪽에 오모가리탕을 하는 곳이 모여 있다.

'객리단길'의 맛집들

한옥마을에서 객사 사이의 웨딩거리, 객사와 영화거리 사이에 있는 가게가 객리단길의 맛집들이다. 객리단길은 서울의 경리단 길과 전주의 객사가 합쳐진 이름이다. 예전에는 썰렁한 곳이었는데, 요즘에는 개성을 담은 가게가 하나둘 생겨 활기를 띠고 있다. 다양한 종류의 식당이 있으며 술집도 괜찮다. 하지만 평일에는 대부분의 음식점이 저녁 9시에 문을 닫는다.

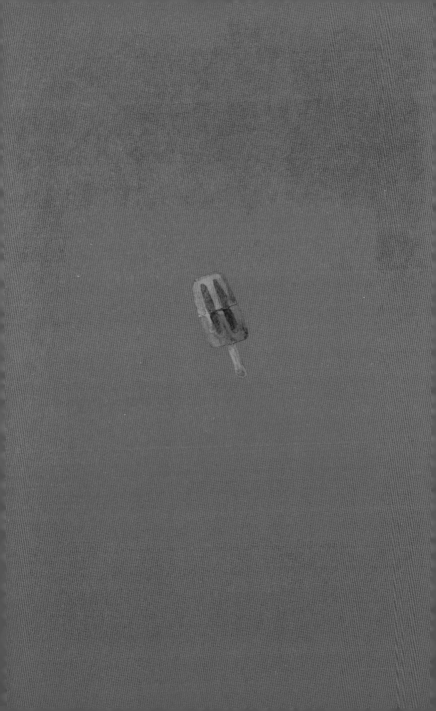

민

잃어버린
기억을 찾아서

유년의 기억을 찾아서

이십 대의 마지막 날, 친구들은 걱정과 고민을 말했다. 사회생활에 대한 걱정, 점점 빨리 흘러가는 시간에 대한 두려움을 말이다. 하지만 친구들과 다르게 나는 서른 살이 된다는 기대에 벅차 있었다. 무엇이든 할 수 있는 진짜 어른이 된다는 생각이 들었기 때문이다. 어느덧 시간이 흘러 삼십 대의 중반을 맞이하였다. 친구들은 저마다 서른의 성장통을 잘 이겨 내며 일상을 보내고 있었다. 하지만 그 무렵 나에게는 뒤늦은 성장통이 찾아왔다.

기대했던 삼십 대와 내가 막상 만난 삼십 대는 너무나 달랐다. 무엇이든 척척 이룰 수 있을 것 같았던 기대는 단지 나의 바람일 뿐이었다. 나는 여전히 사소한 일에 울고 웃기를 반복하고 있었다. 그러면서 친구들이 진작 했던 고민을 뒤늦게 시작했다. 그중하나는 앞날에 대한 근심이었다. 편집 일을 하는 나는 정해진 틀안에서도 나만의 개성을 넣고 싶었다. 책 속 표현을 요리조리 다양하게 바꿔 보았다. 서점과 전시회에 가면서 나만의 생각을 녹여 낼 방법을 찾으려고 노력했다. 하지만 점점 그런 일이 부질없게 느껴졌다. 어느 날 문득 이런 생각이 들었다.

'내가 사과를 빨간 사과라고 해도, 동그란 사과라고 해도, 맛있는 사과라도 해도, 그건 그냥 사과일 뿐이다. 나의 노력으로크게 달라지는 것은 없다.'

'나는 지금 이 일을 즐겁게 오래 할 수 있을까?'

같은 일을 한 지 10년이 넘었다. 돌아보면 언젠가부터 나는 그저 기계처럼 일하고 있는 것 같았다.

친한 언니에게 나의 고민을 털어놓았다. "나도 그랬어." 언니가대답했다. 언니는 "더 늦기 전에 하고 싶은 것을 다 해 봐!"라고한마디를 덧붙였다. 마흔 살을 바라보는 언니는 그동안 고민만한 것을 후회한다고 말했다. 결코 늦지 않았는데 왜 당시에는 늦었다고 생각했는지, 그래서 왜 망설였는지 후회한다고 했다.

"지금도 늦지 않았어. 하고 싶은 것이 있으면 도전해. 지금 후

회하는 것들은 노력하면 되돌릴 수 있어. 스스로 너의 모든 선택을 지지하는 게 좋아."

언니의 말을 전부 다 받아들이지는 못했지만 때늦은 '오춘기'에 빠져 허덕이던 나에게 그 말은 커다란 위로가 되었다. 언니와 헤어지고 집에 돌아오는 길에 내가 하고 싶은 일들을 떠올려 보았다. 하지만 내가 무엇을 원하는지 알 수가 없었다. 만약 그것을 알았다면 난 그렇게 고민을 하지도 않았을 것이다. 뿌옇게 보이는 상황이 나를 두렵게 만드는 것 같았다.

즐거웠던 기억을 떠올려 보기로 했다. 그러다 보면 좋아하는 것이 무엇인지 알 수 있지 않을까 싶었다. 신기하게도 즐거운 기억은 그렇게 대단한 일이 아니었다. 최근의 기억 중 야근을 하면서 먹었던 떡볶이가 떠올랐으니 말이다. 시간을 거슬러 생각할수록 더 많은 기억이 떠올랐다.

시간이 지나면 사람은 좋았던 일을 더 많이 기억한다는 이야기를 어디선가 들었다. 그래서 같은 상황이라도 저마다의 기억이 다르다고 한다. 그것이 왜곡된 기억일지도 모르지만. 그래서인지 유년 시절의 기억은 누구에게나 행복하고 그리운 추억이 아닌가 싶다. 나의 어린 시절도 그랬다. 하루하루가 재미있고 신났다. 마냥 즐거운 나날이었다. 이런 생각을 하는데 갑자기 다시 강경에 가고 싶어졌다. 내가 어릴 적 즐겁게 시간을 보낸 곳. 그곳은 지금 어떻게 변했을지 너무 궁금했다. 바로 기차표를 예매했다.

오랜만에 타는 기차는 나를 더 설레게 했다. 창밖을 바라보았다. 높은 건물이 점점 사라지더니 어느 순간 초록색 논이 펼쳐져 있었다. 문득 엄마와 함께 서울에서 기차를 타고 내려오면서 바깥을 구경하던 기억이 났다. 그때는 가을이라 논이 노랗게 물들어 있었다. 이런 기억 때문에 나는 설레는 마음을 감출 수가 없었다. 옛 기억을 하나씩 떠올려 보았다. 시간이 지나서 또렷하지는 않았다. 하지만 나는 조금이라도 더 기억하려고 애를 썼다. 그 중에서 내가 살던 동네를 머릿속에 그려 보았다.

사실 내가 유치원을 강경에서 나왔다는 것을 아는 사람은 별로 없다. 시골에서 지냈다는 것을 친구들이 아는 것이 싫어서 굳이 이야기를 하시 않았다. 지금 생각하면 그것이 왜 그렇게 창피했는지는 모르겠다. 시골살이는 나만의 특별한 경험인데 말이다.

강경의 추억

이런저런 생각을 하면서 강경역에 도착했다. 역에 내리면 아주 쉽게 어릴 적 살던 곳을 찾을 수 있으리라 생각했다. 그런데 그건 너무 오만한 생각이었다. 역 밖으로 나오니 사실 하나도 기억이 나지 않았다. 강경은 생각한 이미지와는 많이 달랐고, 복잡해 보였다.

옥녀봉

택시를 타고 옥녀봉으로 갔다. 강경의 모습을 한눈에 바라보고 싶었기 때문이다. 옥녀봉은 강경 읍내의 모습을 한눈에 볼 수 있는 곳이다. 돌계단을 따라 야트막한 옥녀봉 정상으로 올라가면 커다란 느티나무가 보인다. 나무 그늘 아래에 서서 오른쪽을 바라보았다. 읍내의 풍경이 한눈에 들어왔다. 파란 하늘 아래의 강경은 아주 평화로웠다. 빼곡한 건물 사이로 눈에 들어온 하나의 건물이 있다. 뾰족하고 빨간 지붕, 바로 성당이다.

나는 성당을 기점으로 머릿속에 지도를 그려 보았다. 성당 뒤에 있던 아주 넓은 풀밭과 유치원을 떠올렸다. 뜨거운 태양 아래에서 한참을 뛰어놀면 이마에 송골송골 땀이 맺혔었다. 그리고 목이 말랐던 기억. 그러면 친구들과 성당을 지나 길을 따라 쭉 걷는다. 곧 시원한 그늘막이 있었고, 바로 시장이 나타났다. 머릿속에 건물이 하나씩 떠오르며 지도가 완성되었다. 그러자 빨리 그곳으로 가 보고 싶어졌다. 지금은 어떤 모습일까? 그때 그 풍경은 그대로일까?

곧장 내려가려다 잠시 발걸음을 멈췄다. 반대편으로 금강이 눈에 들어왔다. 탁 트인 전경을 보니 가슴속까지 시원해졌다. 강물은 햇볕에 반짝이고, 아주 고요해 보였다. 예전에는 풍경을 보러 가는 사람들을 이해하기가 어려웠다. 멋진 경치를 보면 처음에는 감탄하지만, 곧 그 풍경에 익숙해진다. 그러고 나면 다음에는 할 것이 없기 때문이다. 나는 아무리 경치가 좋은 곳에 가더라도 한곳에 오래 있는 것이 지루했다. 하지만 금강을 본 순간, 다른 기분이었다. 그곳의 풍경은 마음의 여유를 선물해 주었다.

정자로 가 금강을 바라보기로 했다. 시원한 바람이 정자로 불어오니 마음이 더욱 평온해졌다. 잠시 뒤 아이들의 웃음소리가 들리더니, 한 가족이 정자로 올라왔다. 아이들은 대여섯 살 정도 되어 보였다. 아이들을 보니 강경에 처음 왔던 내 모습이 떠올랐다. 나도 저 아이만 한 나이에 강경에 처음 왔었는데, 이렇게 어른이 되어 다시 온 것을 떠올리니 기분이 좀 이상했다. 내가 쳐다봐서 그런지 아이 엄마는 아이들에게 조용히 하라는 신호를 보냈다. 그 모습을 보고 나는 서둘러 정자를 내려왔다. 아이들이 조금 더 편안하게 시간을 보낼 수 있게.

성당

옥녀봉에서 내려와 성당으로 갔다. 강경의 성당은 나에게 특별한 의미가 있는 곳이다. 내가 다닌 유치원이 있던 곳이기 때문이다. 날씨가 좋은 날이면 성당 앞의 풀밭에서 친구들과 뛰어놀았다. 여름이 되면 수영복을 입고 물싸움을 하였고, 돋보기로 햇볕을 모아 종이를 태워 보기도 하였다. 생일날에는 풀밭에서 사탕으로 만든 꽃을 들고 기념사진을 찍었다.

이제 어른이 된 나는 떨리는 마음으로 성당에 도착했다. 그때도 성당은 아주 높았는데, 지금도 여전히 높게 느껴졌다. 성당 안쪽으로 들어갔다. 하지만 드넓었던 풀밭은 반 정도만 남아 있었다. 아니면 내가 커버려 풀밭이 조그맣게 보이는 걸까?

성당 뒤쪽, 유치원이 있던 곳으로 가 보았다. 예전처럼 그곳에는 건물이 하나 있었다. 그런데 비어 있는 건물 같았다. 유치원이 없어졌다고 생각하니, 서운한 마음이 들었다. 그날따라 주변에 지나가는 사람조차 없어 확인을 못 했다. 서울에 돌아와 성당에

전화를 해 봤다. 유치원이 없어졌고 그 건물은 공사 중이라는 대답을 들을 수 있었다. 시간이 흐르면 그곳은 다른 누군가에게 또다른 추억의 공간으로 변해 있을 것이다. 내가 유치원을 떠올리는 것처럼 말이다. 이런 생각을 하니 유치원이 없어져 서운한 마음이 조금은 사라졌다.

내 기억에 유치원 오른쪽에는 낡은 건물이 하나 있었다. 내가 다녔던 피아노 학원이다. 유치원이 끝나면 나는 친구들과 피아노 학원에 갔다. 나는 그곳에 가는 것을 좋아했다. 피아노를 좋아해서라기보다는 친구들과 계속 놀 수 있었기 때문이다. 피아노 학원의 정원에는 앵두나무가 있었는데, 앵두가 열리면 선생님은 종이컵에 앵두를 가득 담아 주셨다. 그리고 앵두가 달린 나뭇가지를 반대편 손에 쥐어 주셨다. 그러면 뭔가 엄청난 것을 지닌 것처럼 집에 갈 때 힘이 났다.

방향을 틀어 유치원 왼쪽으로 갔다. 그곳은 친구네 집이 있던 자리다. 그 친구와는 중학교 때까지 편지를 주고받다 연락이 끊겼다. 친구는 어떤 모습으로, 어떻게 지내고 있을지 궁금했다. 친구가 살던 그곳은 넓은 공터로 변해 깨진 벽돌만 쌓여 있었다.

중앙시장

유치원과 함께 머릿속에 떠오른 곳은 시장이었다. 그곳은 어떤 모습일지 굉장히 궁금했다. 나는 서둘러 시장으로 발걸음을 옮겼다.

시장은 내가 가장 많이 들락날락했던 곳이다. 시장 입구에는 문방구가 하나 있었는데, 나는 그곳의 VIP 고객이었다. 날마다 종이 인형을 사러 갔으니까 말이다. 가위질에 서툰 나는 늘 같은 그림을 2장 샀다. 사실 똑같은 종이 인형을 2장 구입하기까지 어린 나는 정말 많은 고민을 했다. 하지만 결국 2장의 같은 그림을 골랐다. 가위질이 서툴러 목걸이나 머리띠를 자를 때 늘 보석 중 하나가 잘렸기 때문이다. 처음에는 잘못 잘린 부분을 이어서 테이프로 붙였다. 하지만 모양이 점점 미워졌다. 나는 실수한 부분이 눈에 거슬려 다시 종이 인형을 사러 갔다. 그러다가 어느 날부터 한 번에 2장씩 사게 된 것이다.

1장을 사서 오려 본 다음, 망치면 그때 다시 종이 인형을 사도

됐지만, 사실 한 번에 2장을 산 이유가 또 하나 있다. 그 문방구는 나에게 너무나 무서운 곳이었다. 유리창은 선팅이 되어 있어 밖에서 안이 잘 보이지 않았다. 가게 안에 들어가도 분위기는 어두웠다. 그 캄캄한 가게의 주인은 무서운 할머니였다. 어린 우리들 사이에서는 확인되지 않은 소문이 떠돌았다. '그 할머니는 엄청 무서운 사람이다, 중국에서 온 할머니다.' 생각해 보니 영화 〈나 홀로 집에〉의 꼬마 주인공이 이웃 할아버지의 인상만 보고 그를 무서워했는데, 바로 그런 상황이었다.

종이 인형을 사기 위해서 어린 나는 무서운 할머니와 대면해야 하는 무시무시한 과정을 지나야만 했다. 그렇기 때문에 한번에 2장을 사는 것이 현명했다. 문방구 문 앞에 종이 인형이 있었고 나는 친구들과 고른 후 "종이 인형 2장이요"라고 외쳤다. 그러고 나서 쨍그랑 소리가 2번 크게 나도록 100원짜리 동전 2개를 차례대로 문 옆에 던지고는 부리나케 도망갔다. 문도 닫지 않은 채 말이다. 할머니는 그런 우리를 보고 무슨 생각을 했을까? 지금 생각하면 웃음이 난다. 아마 할머니도 우리를 보고 고개를 갸웃거리셨겠지. 귀엽다는 생각을 하셨을지도 모른다.

이런 추억을 더듬으며 시장 입구에 도착했다. 시장 가까이 갔을 때 천장 덮개가 눈에 띄었다. '저 덮개 때문에 문방구 내부가 어둡게 보였던 걸까?' 당시에도 덮개가 있었는지는 모르지만 그럴 가능성도 있을 것 같다. 확인을 하고 싶었지만 할 수가 없었다. 문방구가 사라졌기 때문이다. 가게 앞 평상이라든지, 그때의 모습을 엿볼 수 있는 작은 물건조차 찾아볼 수 없었다. 시간이 많이 지났으니 어쩔 수 없는 일이기도 하지만 내 어릴 적 추억을 빼앗긴 것처럼 서운한 마음이 가득했다.

어릴 적 추억이 담긴 가게가 몇 곳 정도는 남아 있으리라는 기대를 하며 시장 안으로 들어갔지만, 모든 것이 변한 느낌이었다. 예전에는 시장 가운데쯤에 과일 가게가 있었다. 그곳은 내가 시장에서 두 번째로 많이 간 곳이다. 친구네 집이었기 때문이다. 과일 가게에 가면 친구의 엄마가 우유에 못난이 과일을 넣어 맛있는 화채를 만들어 주셨다. 가끔 그 맛이 떠올라 만들어 보지만 그때의 달콤한 맛은 나지 않는다. 그때보다 훨씬 예쁜 과일을 넣어 만들었는데도 말이다. 달달한 화채의 기억만큼 그 친구네에서의 추억은 행복한 기억으로 남아 있다. 나도 누군가의 행복한 추억 속 한 페이지에 있었으면 좋겠다는 작은, 아니 큰 욕심을 내 본다.

내가 시장을 방문한 날은 휴가철이라 가게 대부분이 닫혀 있었다. 공사 중인 곳도 많았다. 시장의 끝부분에 이르니 비릿한 냄새가 났다. 젓갈 냄새였다. 강경은 젓갈이 유명한 곳이다. 그래서 젓갈거리가 시장 끝에 만들어져 있다. 익숙한 가게 이름도 몇 곳 보였다. 여전히 그 자리를 지키고 있는 가게를 보니 그래도 내 기억 속의 일부분을 만났다는 생각에 기분이 좋았다.

강경 둘러보기

내 기억 속의 강경은 많이 변해 있었다. 그래서 새로운 강경의 모습을 살펴보기로 했다. 나는 택시 기사님이 추천해 준 근대 역사거리를 물어보러 강경 역사문화안내소로 갔다. 안내소는 강경 노동조합의 옛 건물을 사용하고 있었다. 건물만 보면 타임머신을 타고 과거로 온 느낌이다. 민속촌이나 사극에서 만날 듯한 건물이 눈앞에 펼쳐졌으니 말이다. 떨리는 마음으로 문을 열었다. 꼭 과거로 가는 주문을 외쳐야 할 것만 같았다.

안내원께서 방문하면 좋을 곳을 추천해 줬다. 그분은 강경 토박이라고 했다. 그래서 강경의 옛 모습부터 지금까지의 역사를 모두 경험했다고 한다. 한곳에서 평생을 사는 느낌은 어떨까 궁금했다. 나는 근대문화코스 중 스승의 날 발원지, 강경 중앙초등학교 강당 등을 볼 수 있는 1코스를 따라 이동하기로 했다.

스승의 날 발원지(강경 여자중학교·고등학교)

이곳에는 스승의 날 기념탑이 있다. 강경 고등학교의 옛 명칭은 충남 강경 여자중학교·고등학교다. 당시 강경여고 청소년 적십자 단원들은 편찮으신 선생님이나 퇴직한 선생님을 위문하는 봉사활동을 시작했는데, 이것이 스승의 날이 시작된 계기가 됐다고 한다. 이러한 기념행사가 해마다 반복되면서 스승의 날이 국가 행사로 자리 잡게 된 것이다. 내가 방문한 날은 기념탑 주변 바닥 공사를 하고 있어서 조금 어수선한 느낌이었다. 하지만 높은 탑을 보니 학생들의 마음만은 전해지는 것 같았다.

강경 중앙초등학교 강당

기념탑에서 건너편으로 길을 건너면 내가 1학년을 다녔던 중앙초등학교가 나온다. 그때 교실에는 석유 난로가 아니라, 나무 난로가 있었다. 친구들과 이야기를 하면 나무 난로를 학교에서 본 친구는 없다고 한다. 강경에서 어린 시절 잠시 살았다는 것을 그래서 말하지 않았던 것 같다. 시골스럽고 촌스러워 보이기 싫어서 그랬나 보다.

중앙초등학교를 1년 다녔지만, 나는 학교에 강당이 있었다는 것을 기억하지 못했다. 관광 안내판을 보고 우연히 알게 되었다. 강당은 붉은 벽돌로 지어진 건물이다. 강경에서 가장 먼저 세워진 근대식 교육시설이고, 등록문화재 제60호다.

운동장을 둘러보니 놀이 기구가 보이지 않았다. 예전에는 그네, 정글짐, 철봉 등이 있었다. 한번은 그네를 타고 있는데 남자 친구들이 나에게 짓궂은 장난을 쳤다. 그때 나무 밑 의자에 오빠가 앉아 있는 것을 발견하고는 나도 친구들을 놀리면서 오빠에

게 도망갔던 기억이 났다. 다시 살펴보니 그네는 다른 위치에 있
었다.

강경 구 연수당 건재 약방

중앙초등학교를 나와 옛 시장의 중심가로 가면 근대문화거리가 나온다. 이곳에서 가장 먼저 도착한 곳은 구 연수당 건재 약방이다. 독립운동을 배경으로 하는 영화나 드라마에 나올 듯한 건물이었다. 실제로 이 건물은 1923년에 지어진 지상 2층 규모의 한식 목조 건물이다. 1920년대에 촬영된 강경시장 사진을 보면 이 건물이 등장한다. 당시의 건물 중 유일하게 현존하는 곳이 바로 이 약방이다. 전통적인 한식 구조에 상가의 기능을 더해 근대 한옥의 변천을 잘 보여 주고 있다. 한식 구조이지만, 1층 차양, 지붕 장식재, 변화된 툇마루 등은 일본 건축의 분위기를 띤다. 강경 관광객에게는 필수 코스다.

강경에서는 이곳을 비롯한 건축물을 테마로 근대건축물거리를 조성한다고 한다. 아직 완공되지는 않았지만 거리에는 예스러운 건물들이 자리 잡고 있다. 그래서 드라마 세트장에 놀러 온 기분이 들었다. 행사가 있는 날에는 거리에서 공연도 있다고 한

다. 내가 방문한 때는 한여름, 그것도 가장 더울 때라 그런지 꽤
조용했다. 선선한 가을 저녁에 다시 한번 와 산책을 하고 싶었다.

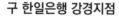

구 한일은행 강경지점

옛 한일은행 건물로 발길을 옮겼다. 이 은행은 강경지역 상권의 대표적인 금융시설이었다. 안내판을 보니 건물은 여러 은행의 지점으로 사용되었다. 내가 실제로 들어 본 이름 중 하나는 충청은행이다. 유치원 때, 엄마와 충청은행에 갔던 기억이 난다. 오랜만에 이름을 들으니 반갑기도 하고 신기했다. 한편으로는 내가 기억하지 못하는 소소한 일이 더욱 많으리라는 생각이 들었다.

건물은 전면과 금고실 부분을 제외한 측면이 모두 대칭으로 구성되어 있다. 천장이 높아 주어진 공간에 비해 내부가 환하고 넓어 보이는 특징이 있다. 현재는 강경 역사관으로 변경되어 옛 강경의 모습이 담긴 사진이나 추억할 수 있는 물건이 전시되어 있었다. 엄마의 어린 시절 사진에서 본 듯한 옛날 텔레비전도 보였다. 한 바퀴를 쭉 둘러보니 오래되거나 쓰지 않는다고 물건을 꼭 정리할 필요는 없겠다는 생각도 들었다. 나처럼 누군가는 그 물건을 보며 상상을 할 수도 있을 테니 말이다.

강경 성결교회 예배당

마지막으로 찾은 곳은 강경 성결교회 예배당이다. 가는 길에는 벽화가 그려져 있었다. 벽화 속 그림은 당시 시대상을 잘 나타내고 있었다.

벽화를 구경하다 보니 어느새 성결교회 예배당에 도착했다. 한옥 건물이 교회라는 것이 조금 낯설었다. 이 건물은 앞면과 옆면이 1:1인 정방형이다. 가장 신기했던 것은 남녀의 공간을 구분한 칸막이 교회라는 것. 초기에는 별도의 문을 두어 남녀 신자를 구분했다고 한다.

예배당에 도착해 알림판을 보고서야 알았다. 이곳에서 옥녀봉에 갈 수 있는 길이 쭉 이어진다는 것을. 옥녀봉은 해 질 녘이 멋있다고 하는데 돌아갈 시간이 되어 다시 올라가지 못했다. 아쉬운 마음이다.

뒤늦게 찾은 보물

기차 시간이 가까워져 택시를 타고 역으로 갔다. 강경은 많이 변했지만, 그래도 곳곳에서 추억을 찾을 수 있어서 의외의 소득을 얻은 기분이었다. 한편, 많이 변해 버린 모습에 아쉬움도 남았다. 이런저런 생각을 하며 택시에서 밖을 보던 중 다급히 기사님께 말했다.

"아저씨, 죄송하지만 여기에서 세워 주세요."

낡은 건물 하나, 목욕탕을 발견했기 때문이다. 이 목욕탕은 내가 강경에서 엄마와 일주일마다 간 곳이었다. 이곳을 생각하지 못했다니……. 목욕탕을 보니 보물찾기 놀이 종료 시간 바로 직전에 쪽지를 찾은 기분이었다.

엄마와 목욕탕에 가는 길은 늘 신이 났다. 그곳에 가면 맛있는 음료수를 마실 수 있었기 때문이다. 샤워실로 들어가기 전 냉

장고 앞에서 한참을 고민했었다. '무엇을 마실까?' 어떤 것을 선택하든지 무조건 꿀맛이었다. 그때 내가 사 먹었던 음료 중 몇 개는 역사 속으로 사라졌다. 그중 다시 마시고 싶은 음료가 하나 있는데, 이름이 기억나지 않는다. 윗부분은 초록색, 아랫부분은 하얀색인 종이팩 주스였다. 가운데에는 과일 그림이 그려져 있었다. 달콤한 맛이 나서 참 좋아했는데 지금은 어디에서도 보이지 않는다. 언젠가 추억 아이템으로 그 주스도 다시 만날 수 있을까.

처음으로 혼자 머리를 감고 뿌듯해했던 일도 문득 생각났다. 집으로 돌아와 아빠에게 혼자 머리를 감았다고 한차례 자랑을 했었다. 그게 뭐 그리 대단한 일이라고 그렇게 자랑을 했을까? 생각해 보니, 처음에는 좋아했던 감정, 작은 것에도 커다란 기쁨을 느꼈던 감정은 어린 시절에만 찾아오는 것은 아니다. 지금도 그런 감정을 가지고 있다. 다만 어른이 된 지금은 그 대상이 달라졌을 뿐이다. 지금 하고 있는 이 고민들도 처음에는 커다란 기쁨을 준 대상이었다. 다만 시간이 지나면서 내적으로, 외적으로 달라진 상황 때문에 고민이 생긴 것이다. 강경에 온 지 반나절이 조금 지나서 고민 해결의 첫 단추를 찾은 것 같았다.

다시 일상으로

기차를 타고 서울로 올라가는 길, 마음이 한결 가벼워졌다. 아직 명쾌한 답을 찾지는 못했지만 답을 찾는 길을 알게 되어서랄까? 신기하게도 그렇게 컸던 고민이 조금씩 작아지는 느낌이었다. 다시 한번 지금 하는 일을 열심히 해 보고 싶은 마음이 생겼다. 내가 처음 이 일을 왜 하고 싶었는지, 일을 하면서 어떤 기분이었는지 등 그동안의 모습이 하나씩 떠올랐다. 강경에서 조금 더 솔직하게 나의 마음을 들여다볼 수 있었다. 아마 나는 "지금 잘하고 있어"라는 따뜻한 말 한마디를 누군가에게 듣고 싶었던 것 같다.

내가 강경을 찾았을 때는 한여름이었다. 어느덧 나뭇가지가 앙상한 겨울이 되었다. 그리고 나는 예전과 마찬가지로 같은 모습으로 일을 하고 있다. 조그마한 일에도 기뻐하고 슬퍼하면서

말이다. 전과 조금 달라진 점이 있다면 뒤늦은 성장통을 잘 이겨
내고 있다는 것이다. 나의 인생 고민이 또 언제 찾아올지는 모르
지만 그때는 또 그때의 삶이 있겠지.

채송화

완벽한 하노이

여행이 꼭 필요한가요?

　나에게 결혼 전 해외여행이라고는 딱 한 번 일본에 다녀온 것이 전부였다. 그 시절, 마음도 생활도 넉넉하지 못했던 나는 '여행'이라는 단어 자체에 관심이 없었다. 여행은 그저 나라는 사람을 제외한 세상 모든 이들에게 어울리는 단어라고 생각했다. 그렇기 때문에 처음 떠난 일본여행도 내게는 아주 큰 결심이 필요했다. 정말 모처럼 다녀온 해외여행이었다.

　20대의 나는 돈을 열심히 벌고 모았다. 돈만 열심히 벌었다. 당시 나의 월급은 평균 이하 수준이었다. 그 적은 월급을 부지런히 저금했다. 월급 대비 최상급 레벨이라고 할 수 있을 정도로 최대

치를 저금했다. 그렇게 열심히 돈을 모아서 나는 결혼을 했다. 넉넉하게 시작한 결혼은 아니었지만 큰 욕심도 없어서 부족한 것이 있다고 생각하지 못했다. 그때는 몰랐는데 예단이나 예물도 남들이 하는 수준의 반의반도 미치지 못했다. 하지만 그 정도면 충분하다고 생각했다.

신혼가구로 홈쇼핑에서 본 아주 싼 침대를 주문했다. 인터넷 쇼핑을 해 5만 원가량의 행거를 구입해서 방 한쪽에 걸어 놓으며 그럴싸하게 집을 꾸몄다. 책상도 하나 있어야 할 것 같아 동네 가구점에 가서 책상, 책장, 의자 세트와 식탁을 할인해서 30만 원 정도에 구매해 들여놓았다. 제법 오붓한 둘만의 장소가 생긴 것이다.

당시 남편이 예물로 30만 원짜리 시계를 사 달라고 해서 큰마음을 먹고 백화점에 갔다. 나는 그렇게 비싼 시계를 처음 사 보았다. 나중에 알게 되었지만 비슷한 시기에 결혼한 친구들은 예물 시계를 최소 300만 원짜리부터 알아봤다고 한다. 어쨌든 결혼준비 덕에 돈을 팍팍 써 본 나의 첫 경험이었다.

최소한의 살림으로 시작한 신혼집이었지만 꼭 사고 싶은 것이 하나 있었다. 지구본과 세계지도였다. 언젠가, 그것이 언제가 될지 모르지만 기회가 된다면 비행기를 타고 세계여행을 떠나고 싶

었다. 사실 돈을 정말 열심히 모았기 때문에 당장이라도 비행기를 탈 수는 있었다. 하지만 비행기를 탈 용기가 부족했다. 나에게는 '소비의 용기'가 없었다. 지구본과 세계지도는 제일 좋은 것으로 구매했다. 한 바퀴, 두 바퀴, 세 바퀴, 지구본을 돌리는 것만으로도 나는 원하는 만큼 여행을 다녀온 기분이 들었다. 이보다 더 행복한 느낌이 있을까 싶었다.

남편은 20대에 딱 100만 원을 들고 호주로 떠났다고 했다. 그것을 시작으로 해외로 나가 영국과 중국에서 외국인 노동자와 학생으로 살며 온갖 고생을 다 했단다. 지금은 그 경험이 삶을 살아가는 큰 자양분이 된다고 했다. 그 시절의 얘기를 할 때 남편의 눈에서는 지금도 빛이 반짝반짝 뿜어져 나온다.

해외라고는 딱 한 번 다녀온 여자와, 여행이라면 자다가도 눈을 번쩍 뜨는 남자는 그렇게 결혼을 했다. 지금 생각해 보면 왜 그랬을까 싶지만 나는 신혼여행도 굳이 안 가도 된다고 했다. 아마 그 돈을 저금하는 것이 더 좋다고 생각했기 때문이리라. 남편은 신혼여행 계획에 들떠 무척 즐거워했는데 같이 기뻐하지 못했다. 이제는 정말 미안한 마음이 든다. 신혼여행지 후보로 그리스, 미국, 영국 등등 여러 곳이 나왔지만 결국은 필리핀에 갔다. 다른 곳보다 싼 가격이 내 마음을 움직였던 것 같다.

　결혼을 해서도 남편은 틈틈이 여행을 떠나야 할 이유를 찾아
나섰다. 내가 임신을 했다고 태교여행을, 출산을 했다고 보상여
행을, 결혼기념일이라고 축하여행을, 아이가 어릴 때 많이 다녀
야 한다며 이런저런 이유로 여행을 계획했다. 그것도 단둘이 여
행을 가려고 했다. 여행이라는 말만 나와도 마음이 편하질 못했
는데 그렇다고 남편의 즐거운 계획을 너무 반대할 수만은 없었
다. 썩 내키지는 않았지만 열심히 따라다녔다. 늘 초저가, 가성비
갑의 여행을 했고, 그렇게 우리 부부는 여행을 다니기 시작했다.
늘 올해가 마지막이라 다짐하면서도 한 해가 지나면 또 새로운
계획을 세우고 있다. 이렇게 다닌 곳이 하와이, 홍콩, 상해, 도쿄,
사이판, 보라카이 등이다. 부부는 닮아 간다더니 이제는 나도 올
해는 어디로 떠나게 될까 은근히 기대를 한다.

　남편은 여행을 계획하기 전 어디로 가고 싶은지 나에게 항상
묻는다. 하지만 이래도 좋고 저래도 좋다는 답답한 나의 성격
탓에 결국엔 남편이 최종 장소를 선택한다. 그렇게 여행지가 정
해지면 나에게 몇 가지 미션이 주어진다. 꼭 가고 싶은 곳과 먹
고 싶은 것을 정리하고, 그 나라의 역사를 알아보는 것이다.

　서른이 넘어 역사에 빠진 나는 세상이 달라 보이기 시작했다.
어릴 때 배운 세계의 역사는 정말이지 아주 좁은 세상 속의 한

부분이었다. 하긴 공부라고는 초등학교 이후로 별로 해 본 기억
이 없어서 지금 배우는 모든 것이 나에게는 새로운 세상에의 도
전이나 다름없다. 여행도 마찬가지다. 제대로 된 가족여행이라고
해 봤자 다른 도시에 있는 친척집을 방문하는 것이 다였던 나다.

　돈만 모으며 살아온 지난날의 나에게는 사실 특별한 이야기
가 없다. 하지만 인생은 추억으로 살아가는 것임을, 남편을 만나
고 알게 되었다. 아마 내가 모르는 그 다른 세계가 궁금해 남편
과 결혼을 했는지도 모르겠다. 왜 나는 그동안 멀리 바라보지 못
하고 당장의 생활에 급급해 전전긍긍 살아왔을까? 이제라도 여
행을 통해 쌓이는 추억이 내게는 참 소중하다.

처음으로 내가 정한 여행지, 하노이

20대 초반에 서울에 살면서 나는 쌀국수라는 음식을 처음 알았다. 쌀국수라… 이름만 들어도 왠지 친숙해 마음이 들던 이 음식을 잘난 선배 덕에 처음 먹었는데 감탄을 금할 수가 없었다. 얼큰하고 쫄깃쫄깃한 면발이 나의 온몸을 칭칭 감고 놓아주지 않는 느낌이었다. 안타깝게도 내 고향 강원도 원주에서는 절대 먹어 볼 수가 없었다. 쌀국수를 파는 식당이 없었기 때문이다. 어딘가에서 팔고 있다 해도 주변에 쌀국수를 아는 사람이 거의 없었다. 물론 10년도 더 된 일이라 지금은 원주도 확 바뀌었다.

이번 여행지를 고민하다 베트남 현지의 쌀국수는 어떤 맛일까 문득 궁금해졌다. 베트남은 어디에 있고, 어떤 곳일까? 그곳에는 어떤 사람들이 살까? 정말 단순히 쌀국수로 시작된 궁금증은 나를 베트남으로 이끌었다. 이번 여행에서는 처음으로 내가 가고 싶은 곳을 선정했으니 말이다. 시간과 비용 등을 따진 후 남편과 나는 이견 없이 베트남 여행을 결정했고, 그 후 다음 계획은 일사천리로 착착 진행됐다. 하긴, 어디에 가든 비행기와 숙소만 예약하고 나머지는 상황에 따라 달라질 수 있는 여유를 만들어 두기에 큰 계획이랄 것도 없었다.

여행을 마음먹을 때 가장 즐거운 시간은 여행지에 도착해서 찾아오는 것이 아니다. 여행을 준비하는 과정의 설렘을 나는 오랫동안 간직하려고 한다. 환전도 해야 하고, 그 나라의 규칙이나 규정 등을 익히며 준비할 게 많지만 콧노래가 절로 나온다. 옷은 간단하게 준비하는데, 예쁜 원피스 하나쯤은 꼭 챙긴다. 낯선 곳에서 새로운 나를 만나기 위해. 그리고 처음 접하는 세상 속에서 발견할 또 다른 남편의 모습을 기대하며 우리는 베트남 하노이 여행을 준비했다.

우리, 여행 좀 다녀올게

나에게는 사랑하는 두 아들이 있다. 아들을 키우면 엄마의 목소리가 점점 커지기 마련이라고 하는데 아이가 커 갈수록 정말로 나의 목소리는 저 높은 '천상계'까지 뻗어 나가려 한다. 매일매일이 전쟁인 듯 싶다가도 아이들이 잠들면 더 잘해 주지 못해 미안한 마음만 가득 품는다. 모든 부모의 마음이 이렇지 않을까.

남편과 나는 아주 다른 성격을 가진 사람이다. 나는 감수성이 풍부하다 못해 예민하기까지 하고, 남편은 감수성 제로에 객관적 사실과 논리로 모든 것을 판단하려고 한다. 그런 우리에게 딱 맞아떨어지는 것이 하나 있는데, 그것은 바로 '육아의 방법'이다. 우리 집의 1순위는 언제나 부부다. 우리가 행복하고 사랑하는 모습을 보여 주면 아이들도 자연스레 가족의 소중함과 사랑을 느낄 수 있으리라 생각한다. 아이가 훌륭하고 행복한 사람으로 자라나길 바란다면 부모가 먼저 본받을 수 있도록 행동하고 행복한 마음가짐을 가지면 된다.

1년 중 딱 한 번, 단 하루라도 좋다. 부부만의 시간을 갖는다는 것은 부부생활에 큰 의미가 있다. 정말 시간이 여의치 않을 때는 아이들이 학교에 가 있는 동안만이라도 잠깐 휴가를 내 2시간 정도 같이 밥을 먹고 이야기를 나누며 집이 아닌 공간에서 시간을 보내려고 한다. 이것은 우리에게 함께 의지하며 살아갈 커다란 힘을 준다.

두 아들을 키우다 보면 이것이 결코 쉽지는 않다. 하지만 우리는 양가 부모님의 도움을 많이 받는다. 부모님이 계시지 않았다면 여행도 쉽지 않았을 것이다. 염치 불고하고 아이를 맡기면서, 우리는 최선을 다해 부모님께 감사의 마음을 표현하고 떠난다. 부모님과 아이들에게 죄송함과 감사한 마음뿐이다. 하지만 출발할 때의 무거운 마음은 한편에 놓아두고 여행지에서는 즐거운 마음으로 다닌다. 집에 돌아와서는 그 기운으로 부모님과 아이들에게 아낌없는 사랑을 나누려고 한다. 물론 아이들과의 여행도 시간이 되는대로 자주, 많이 떠나려고 한다.

하노이의 첫인상

　서울에서 하노이까지 4시간 반 정도 비행기를 타고 날았다. 지루한 시간을 보내지 않기 위해 노트북에 영화 두어 개쯤은 필수로 담는다. 평소에 영화 볼 시간이 많지 않은 나로서는 이 시간마저 편안하고 유쾌했다. 그렇게 영화를 보면서 출발하니 순식간에 하노이의 노이바이 국제공항에 도착했다.

　우리는 스마트폰으로 검색을 해 노선을 알아본 후 버스를 타기로 했다. 여행자들은 택시를 타는 경우가 많은데 공항버스와 6배 이상 가격 차이가 있기 때문에 버스를 타는 것이 경제적이다. 버스를 타기까지 나는 아무리 스마트폰을 들여다 봐도 뭐가 뭔지 몰랐다. 그런데 남편은 척하면 우리가 갈 장소의 위치와 시간, 교통편을 쉽게 찾았다. 나는 아마도 남편이 없었다면 국제 미아가 되었을지도 모르겠다. 남편을 따라 버스를 타고 정류장에

내려 예약한 호텔로 천천히 걸어가며 주변 곳곳을 탐색했다.

'아, 정말 내가 하노이에 있네?' 다시 한번 즐겁다. 수많은 오토바이, 길거리 음식점과 길거리 이발소 등이 나에겐 모두 신비롭게만 보였다. 숙소에 짐을 풀고 시내로 나와 가장 맛있어 보이는 길거리 식당의 작은 식탁에 앉았다. 우리가 처음 먹은 음식은 쌀국수와 분짜. 이것이 바로 원조의 맛이라고 생각하니 더욱 친근하게 느껴진다.

하노이 사람들은 자동차보다 오토바이를 훨씬 많이 타고 다녔다. 그러다 보니 빵빵거리는 경적 소리와 부릉부릉하는 바퀴 소리가 하노이에 머무는 내내 귓가에 울려 퍼졌다. 우리도 오토바이를 빌려 하노이 곳곳을 누볐다. 시원하게 내달리는 오토바이를 나는 처음 타 보았는데 조금 무섭긴 했지만 신기한 경험이었다.

거리에서 만난 예술

우리나라 곳곳에 편의점이나 미용실이 있는 것처럼 베트남에는 갤러리가 흔하다. 요즘 그림에 관심을 갖게 된 나에게는 그런 베트남 거리 하나하나가 예술 그 자체였다. 유명 화가에 절대 뒤지지 않는 그림 속에는 그들의 인생이 고스란히 담겨 있었다. 색색의 아오자이를 입은 아름다운 여인들, 베트남 곳곳의 운치 있는 풍경, 그 모든 것이 나를 한눈에 사로잡았다. 훌륭한 그림을 곳곳에서 쉬지 않고 만날 수 있으니 더할 나위 없이 행복한 순간이었다.

하노이에 살고 있는 사람들, 일터가 있어 매일 이곳을 지나가는 사람들, 그리고 잠시 방문하는 관광객이 즐비한 하노이 거리 곳곳에 예술의 풍경이 틈틈이 자리 잡고 있다니. 무척 낭만적이라는 생각이 들었다. 특히 인상적이었던 것은 베트남 사람의 표

정을 잘 묘사한 그림이 많았다는 점이다. 작품에는 그들 삶의 애환, 그리고 희망까지 생생하게 살아 있었다. 나에게 "잘 살아 내고 있지?"라고 묻는 것만 같았다.

하노이에만 있기는 아쉬워 유네스코 세계자연유산인 하롱베이도 다녀왔다. 하Ha는 내려온다, 롱Long은 용이라는 뜻이다. '하롱'이란 '하늘에서 내려온 용'이라는 의미다. 그 멋진 뜻을 가진 하롱베이를 꼭 가고 싶었다.

하노이에서 하롱베이로 가는 길에 우리는 잠시 휴게소에 들렀다. 작은 그 휴게소에서마저 나는 눈을 뗄 수가 없었다. 여느 휴게소처럼 기념품이 정말 많았는데 특히 자수로 만든 액자들이 눈에 띄었다. 한쪽에서는 여러 사람이 직접 자수를 놓고 있었는데, 그들의 열정적인 모습은 관광객의 눈을 사로잡기에 충분했다. 하롱베이 풍경을 그린 자수가 가득했고, 목적지로 가는 길목에서 만난 작품은 나를 더욱 설레게 했다.

핸드메이드 입체 카드도 잊지 못할 대단한 작품이었다. 세밀하고 정교하게 직접 종이를 오려 만들었을 입체 카드는 저렴한 값으로 판매되고 있었다. 그 정성을 생각하면 돈을 훨씬 더 줄 만한 가치가 있을 것이다. 베트남 사람들은 대단한 손재주를 타고난 것 같다. 직접 만든 기념품들은 정말 인상적이었다.

반가운 한류?

하노이를 가 본 사람이라면 한국어로 적혀 있는 잡화점을 쉽게 보았을 것이다. 간판 이름은 무궁생활. 나는 그 간판을 보자마자 너무 반가웠다. 타국에 나가면 누구나 애국자가 된다더니 한국어가 이렇게 반가울 수가! 하노이에는 '무궁생활'이라고 적힌 간판이 곳곳에 즐비했다. 밖에서 보면 화장품 가게 같기도 하고, 잡화점 같기도 한데 일단 들어가 봤다.

깔끔하게 진열된 상품을 자세히 보니 이상한 점이 발견되었다. 물건마다 한국어로 설명이 적혀 있었는데 부자연스럽고 어법에 맞지 않는 문장이 대다수였다. 인터넷으로 검색해 보니 무궁생활은 중국에서 한류 마케팅을 해 현지화에 성공한 기업이라고 한다. 한국 기업은 아니지만 한국을 모델로 한 로드숍이라니! 한국어로 쓰인 문장은 틀렸지만 이게 바로 한류의 영향임을 실감

했다. 한국스럽지만 한국이 아닌 무궁생활은 조금 씁쓸한 미소를 짓게 하는 곳이었다.

내가 또 하나 놀랐던 것은 호텔 직원들도 한국을 좋아해서 한국어를 공부하고 있다는 점이었다. 그뿐만 아니라 많은 베트남 젊은이가 '케이팝'을 즐겨 듣는다고 했다. 예전에는 해외여행을 가면 우리에게 일본인인지, 중국인인지를 물었다. 지금은 한국인임을 단번에 알아볼 때도 있고 한국어를 공부하는 사람이 많이 생겼다. 나라는 사람은 한류에 어떤 영향을 미칠까? 그냥 묵묵히 살아가는 것만으로도 한류에 아주 조금이나마 영향을 주지 않을까 하는 마음으로 스스로를 돌아봤다. 역시 집 떠나면 잘 생각하지 못했던 애국심도 느끼고, 평소 하지 못한 자아성찰의 기회도 생기기 마련이다.

도자기 마을, 밧짱

하노이 근교에 내게는 아주 보석 같은 곳이 있었다. 마을 전체가 도자기 공예를 하고 있는 일명 도자기 마을 밧짱이다. 하노이에서 약 17km 정도 떨어진 곳이다. 천년의 역사를 자랑한다는 이 마을에서는 직접 도자기를 만들어 볼 수 있고 구매만 할 수도 있다. 이번에도 우리는 스마트폰으로 검색해 버스를 알아보고 이동하기로 했다. 외국에서 현지인과 타는 버스가 너무나 즐거웠다. 그들과 어울릴 때 여행을 하는 기분이 더욱 물씬났다.

버스에는 사람이 많지 않았다. 여행자들은 보통 택시를 타기 때문에 버스 안의 이방인이라고는 우리 둘뿐이었다. 짐을 싣고 가는 사람들, 책가방을 메고 탄 학생들, 이들은 지금 무슨 생각을 하고 있을까? 나는 우리나라로 온 여행자들에게 한국에 오기로 결정한 가장 큰 계기가 무엇인지 묻고 싶을 때가 많다. 내가

모르는 우리의 이미지가 그들에게는 과연 어떻게 보일지 궁금해 나름 상상도 해 본다. 베트남 버스 안의 우리를 보고 현지인들은 무슨 생각을 할까.

이런저런 생각을 하던 중 밧짱에 도착했다. 버스에서 내리니 우리를 맞이하는 건 맑고 새파란 하늘이었다. 내가 어릴 적엔 알지도 못한 단어인, '미세먼지' 없는 깨끗한 하늘이 기다리고 있었다.

도자기 마을은 금방 나타났다. 말 그대로 도자기 세상이었다. 형형색색 화려한 무늬의 찻잔들, 고급스러운 각종 접시는 나의 눈을 사로잡았다. 결혼할 때도 나는 그릇을 따로 사지 않았다. 결혼 전 양가 어른들은 가장 비싸고 소중한 그릇들을 아끼시느라 포장한 채로 가지고만 계셨다. 결혼하면서 그 비싸고 소중한 그릇은 모두 내 차지가 되어 덕분에 그릇 하나 사지 않고 신혼생활을 할 수 있었다. 그런데 요즘에 나는 예쁜 그릇을 보면 탐이 난다. 그러니 도자기 마을의 풍경은 나를 신나게 만들었다.

나는 찻잔을 사고 싶어서 이리저리 돌아다녔는데 비슷한 무늬의 그릇도 많았다. 우리는 모든 가게를 다 돌아다닌 것 같다. 비슷한 무늬이면서도 가격이 다른 경우가 많아서 고민을 하고 있었는데 한 가게에서 찻잔 세트를 엄청 싸게 팔았다. 한국에서 왔기 때문에 더 싸게 준다면서 직원은 할인을 더 해 줬다. 신이 나서 얼른 구입했고, 한국에 돌아와 남편과 분위기 있게 티타임을 가졌다.

찻잔이 정말 예뻤고, 저렴하게 구매해서 기분이 좋았는데, 시간이 지날수록 찻잔에서 물이 조금씩 새어 나왔다. '이거 반품하러 또 하노이 가야 하나?' 역시 물건은 제값을 주고 사야 한다. 그때 다른 상점에서 구매한 그릇들은 다행히 지금도 잘 사용하고 있다. '찻잔을 판매한 그 친구는 물이 샌다는 걸 당연히 몰랐겠지?' 이런 생각을 하다 픽 웃는다. 아무렴 어때, 그때 나는 덕분에 정말 행복했는걸!

여행 속의 우리

삼십 년이라는 세월 속에 각자의 가치와 판단 기준을 가지고 살아온 남녀가 하나가 되어 사는 것처럼 별나고 재미난 일도 없다. 이런 남녀의 여행이니 꼭 좋은 일만 벌어지는 것은 아니다.

우리의 여행에서 마지막 돌아오는 길에는 항상 비가 내렸다. 이상하게도 우리가 한국으로 돌아오려고 하는 날은 꼭 비가 왔다. 하와이에서도, 홍콩에서도, 베트남에서도 어김없이 비가 내렸다. 우리는 공항까지 버스를 타기로 했는데, 금방 멈출 것만 같던 비는 계속 내렸다.

남편은 짐을 정리하려고 호텔방에 아직 남아 있었고, 나는 먼저 체크아웃을 하려고 로비로 나왔다. 직원이 친절하게도 공항까지 가는 택시를 잡아 주겠다고 했지만 사양했다. 택시 요금은 버스 요금의 2배 이상이었는데 한화로 따졌을 때 비싼 금액은 아니었다. 하지만 베트남의 비도, 하노이의 거리도 찬찬히 눈에 담고 싶어 버스를 타겠다고 했다. 곧이어 남편이 로비로 나왔고 우리는 아쉬운 작별의 인사를 하며 버스 정류장으로 걸었다.

비가 내려서인지, 이제 이곳에 언제 다시 올지 모른다는 아쉬운 마음 때문인지 짐은 더 무거웠다. 호텔에서 정류장까지 멀지 않았는데도 빗길을 걷는 게 버겁게 느껴졌다. 가는 길에 내가 말했다.

"아까 호텔 직원이 택시 불러 준다고 했는데 내가 싫다고 했어. 근데 택시비랑 버스비가 큰 차이는 안 나더라고."

비를 맞으며 가던 남편이 나의 말을 듣고는 갑자기 인상을 쓰며 말했다.

"그럼 얼른 말했어야지. 비도 오는데 택시를 타고 가는 게 맞지!"

우리는 하루 전날 버스 정류장이 어딘지 알아보기 위해 이곳에 왔었다. 호텔과 그리 멀지 않았다. 나는 마지막까지 버스를 타며 베트남 사람의 일상을 더 들여다보고 싶었지만 남편의 생각은 달랐다. 비가 오기 때문에 계획을 변경할 필요가 있었고, 더욱 편리하게 이동을 하는 것이 여행의 유익한 마무리라고 했다. 사실 아무것도 아닌 일인데 우리는 이렇게 티격태격하면서 버스

에 올랐다. 공항 버스라 그런지 다행히 시원시원하게 달려 빠르게 도착했다.

우리는 이런 사소한 다툼 속에서 서로 다름을 인정하며 하나씩 배워 간다. 같은 집에서 한 이불을 덮고 살면서 생활하는 것과 이렇게 온전히 다른 곳에서 함께하는 삶은 또 다르다. 이것이 여행에서 배우는 또 하나의 교훈이다. 함께 여행하는 사람의 새로운 모습을 알아 가며 배워 가기. 그래, 우리는 이렇게 좀 더 배려하고 사랑하며 그렇게 살아 내고 있는 것이 아니던가!

풍경, 그리고 기억

하노이는 오랫동안 기억에 남을 것만 같다. 낯설지만 낯설지 않은 하노이. 쌀국수를 좋아하는 내가 매일매일 쌀국수를 실컷 먹을 수 있어서였을까, 멋진 그림 작품들이 인상적이었기 때문일까. 그리고 그곳에 사는 모두가 나와 같은 인생을 사는 것처럼 느껴져서일까.

하노이에서 아침에 눈을 뜨면 '아, 여기는 집이 아니었지!'라는 생각에 미소 반, 걱정 반으로 하루를 시작했다. 오늘도 무탈하게 즐거운 여행을 하기를 바라는 마음과 여행을 마친 후 생활 터전으로 돌아갔을 때 밀린 업무를 생각하며 한숨도 한 번 내쉬어 봤다.

낯선 여행지에서는 새로운 나를 만난다. '귀차니즘'으로 무장된 원래의 나는 어느새 새삼 가장 부지런하고 재빠른 '날쌘돌이'

가 되어 있다. 시간은 한정되어 있고, 가야 할 곳은 많아 한꺼번에 다 할 수 있으면 좋으련만, 그러다가 탈이라도 나면 안 되겠지. 이번에는 정말 여유롭게 잠도 많이 자고 조금만 걷고 생각을 많이 하는 그런 여행을 하겠다고 다짐했건만 역시나 바쁘게 다녔다. 아침부터 너무 분주하게 움직였다. 하나라도 놓칠세라 여기저기를 기웃거리는 나는 아직 초보 여행자인걸까?

초보인 사람은 서툴고 부족하지만 큰 열정을 갖고 있다. 배우고 알게 되는 과정도 즐겁다. 배움과 열정으로 가득한 기운을 받고 싶어서인지 나는 여행지에서 그 도시의 학교를 방문하는 것을 좋아한다. 베트남에서도 빼놓을 수 없어서 이번에는 베트남 최초의 대학으로 알려진 문묘를 다녀왔다. 내가 갔던 시기에는 공사 중인 곳이 있어서 베트남 전통 건축 양식을 다 볼 수는 없었다. 하지만 졸업사진을 찍으러 온 많은 학생과 베트남 전통의상인 아오자이를 입은 너무 고운 학생들만으로도 충분히 눈부신 장소였다.

문묘에서 무료로 가이드를 해 주는 학생을 우연히 만났다. 완벽히 알아들을 수는 없었지만 그는 최대한 쉽고 올바른 표현의 영어를 사용해 문묘에 대한 위대함과 아름다움을 전달해 주려고 했다. 그 표정과 몸짓 하나만으로도 느껴졌다. 얼마나 이곳을 자랑스러워하는지. 얼마나 이 도시, 이 나라를 사랑하는지.

이제 하노이의 풍경과 기억은 추억이 되었다. 세월이 지나면 남는 것은 추억이라고 한다. 남편과 결혼을 하지 않았더라면 나는 아마도 추억이라는 단어를 저 깊숙이 마음속으로만 간직하고 있을지도 모르겠다. 항상 먼 미래의 행복을 그리던 나에게 눈앞의 행복을 놓치지 않고 잘 지켜 내는 법을 알게 해 준 사람은 남편이었다. 이렇게 쌓은 추억으로 남은 삶의 행복을 살필 수 있는 에너지를 얻는다. 그런 의미에서 또 하나의 근사한 추억을 준 하노이는 정말 완벽하다.